The Madhouse Effect

누가 왜 기후변화를 부정하는가

THE MADHOUSE EFFECT

누가 왜
기후변화를
부정하는가

마이클 만 · 톰 톨스 | 정태영 옮김

거짓 선동과 모략을 일삼는 기후변화 부정론자들에게 보내는 레드카드

미래인

누가 왜 기후변화를 부정하는가

1판 1쇄 발행 2017년 6월 5일
1판 4쇄 발행 2021년 3월 10일

지은이 마이클 만·톰 톨스 **옮긴이** 정태영 **펴낸이** 김민지 **펴낸곳** 미래M&B
책임편집 황인석 **디자인** 서정민 **영업관리** 장동환, 김하연
등록 1993년 1월 8일(제10-772호) **주소** 서울시 마포구 동교로 134(서교동 464-41) 미진빌딩 2층
전화 02-562-1800(대표) **팩스** 02-562-1885(대표)
전자우편 mirae@miraemnb.com **홈페이지** www.miraeinbooks.com

ISBN 978-89-8394-819-9 03400

*잘못 만들어진 책은 구입처에서 바꾸어 드립니다.
*미래인은 미래M&B가 만든 단행본 브랜드입니다.

"여기가 우리 집이다. 우리 집이라는 생각으로
행동에 나서야 할 때다."

일러두기

1. 이 책은 The Madhouse Effect(Columbia University Press, 2016)를 한국어로 옮긴 것입니다.
2. 인명과 지명 등의 외래어는 외래어표기법에 맞춰 표기하되, 일부는 현지에서 통용되는 발음에 따랐습니다.
3. 옮긴이 주는 중괄호({ })를 사용하여 구분하였습니다.

각자 좋아하는 물건을 들고 함께 선 두 저자
톰 톨스(왼쪽)과 마이클 만(오른쪽).

우리가 이 책을 쓴 까닭

알은체하기 좋아하고, 실험실 가운을 걸친, 좌뇌가 발달한 과학자와 태평스럽고, 예술 감각이 뛰어난, 우뇌가 발달한 시사만평가는 대체 무슨 이유로 책을 함께 썼을까?

정답은 간단하다. 기후변화 때문이다.

우리가 화석연료를 마구 태운 탓에 일어난 지구온난화라는 현상은 인류문명이 지금껏 직면한 가장 중대한 위협일 것이다. 그러나 우리는 아직도 이 위협을 정면으로 직시하지 않고 있다. 위험한 수준을 넘어 돌이킬 수 없는 결과를 초래할 수 있는 기후변화가 눈앞에서 벌어지는데도, 이를 막기 위한 행동에 제대로 나서지 못하고 있다.

왜일까? 과학적 근거에 설득력이 떨어지는 것도 아니다. 충분히 설득력이 있다.

위협이 불분명한 것도 아니다. 분명하다.

똑똑하고 아는 것도 많고 사회참여적인 개인들이 그동안 기후변화라는 위기에 주목하지 않았던 것도 아니다. 주목해왔다.

압도적 다수의 시민들이 문제 해결을 위한 행동의 시급성을 인식하지 못하는 것도 아니다. 인식한다.

그렇다면 정치인들이 강력한 화석연료 이익집단들의 명령에 순종하면서 정작 자신들을 뽑아준 대중의 장기적 이익을 외면하는 이 정신병원 같은 사회 분위기를 어떻게 받아들여야 할까?

이 책을 쓴 우리 두 사람은 이 질문을 수없이 되뇌었다.

과학자는 세상이 돌아가는 방식을 이해하려고 애쓴다. 시사만평가는 세상이 제대로 안 돌아가는 모습을 여실히 보여주려고 노력한다.

이 두 직업에 종사하는 사람들은 서로 다른 세상에서 각자 행복을 누리는 것이 보통이다. 그런 사람들이 손을 잡았다는 것은 대단히 이례적인 계기가 생겼다는 뜻이다. 우리가 힘을 합치게 만든 것은 바로 공론의 장에서 벌어지는, 과학에 대한 터무니없는 왜곡이다. 기후변화에 맞서기 위한 정책적 대응 과정에서 끊임없이 나타나는 왜곡, 부정, 혼란을 들여다보고 있노라면 정신병원과 조금도 다를 바 없다는 느낌이다. 우리는 스스로 어디쯤 왔는지 파악하고 출구가 어디인지 찾아야 한다. 아직도 풀지 못한 인류 차원의 과제가 아닐 수 없다.

과학자와 시사만평가가 인연을 맺은 것은 바로 이러한 과제 때문이다. 과학자는 사실과 그 의미를 이해하려 노력하는 사람이고, 시사만평가는 점증하는 위협을 읽어내고 또렷하게 형상화하려 노력하는 사람이기 때문이다.

우리 두 사람은 자기만의 방식으로 (마이클은 대중 강연, 언론 인터뷰, 대학 강의를 통해서, 톰은 수백만 독자를 거느린 《워싱턴포스트》의 만평과 블로그에서 유머와 풍자에 기대어 이 문제의 맥을 짚으면서) 기후변화의 위험성과 대책 마련의 시급성을 대중에게 알리기 위해 열정을 기울이고 있다.

우리는 판에 박힌 접근법으로는 성공할 수 없을 것이라는 생각이 들었다. 아니, 재앙이 엄습하기 전에는 성공하기 어렵겠다 싶었다. 그래서 다른 방식으로 이 문제를 이야기하고 생각할 필요가 있었다.

마침내 우리는 각자의 대뇌피질과 심장은 물론 좌뇌와 우뇌를 결합시킬 필요가 있다는 결론에 이르렀다. 신랄한 사회·정치 비평으로 유명한 시사만평가와 과학적 연구 성과로 이름이 난 기후학자의 합작품은 이런 연유로 탄생했다.

우리는 전혀 다른 직업에 종사하고 있지만, 인류문명이 직면해 있는 어쩌면 가장 커다란 도전에 대한 공적 논의를 바로잡기 위해 두 사람 모두 혼신의 노력을 기울이고 있다. 하나뿐인 지구의 기후에 가해지는 재앙과도 같은 혼란을 중단시키는 도전 말이다.

지구온난화란 문자 그대로 집에 불이 났다는 뜻이다. 그러나 의심할 여지가 없는 증거가 발견되고, 심지어 경보음까지 여러 차례 울렸는데도, 기후변화와 관련한 정책은 지금껏 마비 상태에서 벗어나지 못하고 있다.

때로는 무지의 소치로, 때로는 반신반의하는 태도 탓에 그런 것일 수도 있겠지만, 대개는 그릇된 정보를 고의로 퍼뜨리는 세력 탓이다.

한마디로 정신병원 안에서 기후 논쟁이 벌어지는 모양새다. 우리는 '거울 나라의 앨리스'와 비슷한 신세다. 이를테면, 하얀 장미를 빨갛게 칠하거나 어떤 말이 원래 의미를 잃고 갑자기 다른 뜻으로 쓰이는 식의 소설 같은 상황이라는 의미다. 무엇보다 '회의적 관점'이나 '근거' 같은 과학적 용어부터 전혀 과학적이지 않은, 오히려 과학과 정반대되는 맥락에서 쓰이고 있다.

진실이 밝혀지기를 원치 않는 사람들이 있다. 우리는 업튼 싱클레어(미국의 소설가, 사회비평가)가 우리에게 경고한 바로 그 상황에 처해 있다. "어떤 사람으로 하여금 무언가를 이해하게 만드는 것은 어려운 일이다. 더욱이 무언가를 이해하지 않아야 봉급을 챙길 수 있는 사람이라면." 안타깝게도, 기후과학을 이해하지 못하는 대중 덕분에 봉급의 대부분을 챙기는 강력한 이해관계자들이 많다.

우리는 지구, 우리 자신, 그리고 모든 생태계를 향하여 자칫 영구적일 수 있는 손상을 끊임없이 가하고 있다. 그리고 이 사실을 세상에 알리기 위한 싸움이 이익집단들을 상대로 줄기차게 벌어지고 있다. 하나뿐인 지구의 숲과 호수, 산, 대양을 지키기 위한 우리의 싸움은 여느 싸움과는 차이가 있다. 단판의 승부로 끝나는 싸움이 아니기 때문이다. 시간은 더이상 우리 편이 아니다. 우리가 어리둥절한 좀비들처럼 계속 꾸물거리는 한, 상처가 차츰 낫기는커녕 점점 더 깊이 곪아갈 것이다.

우리는 이 책에서 기후변화론을 지탱하는 과학적 근거들에 대해 이야기할 것이다. 솔직히 말해서, 여러분이 애초에 무엇이 문제인지 이해하지 못한다면, 그런 이유로, 당연히, 문제의 해결 역시 불가능하기 때문이다. 하지만 그전에 '과학' 그 자체에 대해 먼저 이야기할 생각이다. 과학이란 무엇인지부터 알아야 '과학이 아닌 것'은 무엇인지 파악할 수 있다. 실제로 기후변화에 관한 논쟁의 과정에서 사이비과학 또는 반과학이 과학이라는 가면을 쓰고 등장하거나, 부정론이 회의론 행세를 하는 경우가 너무나 많다.

언론 역시 차이점을 모르겠다면서 두 손 두 발 다 들고 포기하는 사례가 너무나 많다. 따라서 우리는 언론의 '그릇된 균형감각'이라는 문제도 짚고 넘어갈 것이다. 기자들은 균형을 맞춘다는 미명 하에 화석연료업계의 선전문구들을 기후변화론이라는 과학과 동등한 수준으로, 그것도 너무 자주 노출시켰다. 그 결과 애꿎은 우리가 뒤틀린 공론의 장에서 고통을 치러야 했다. 이 문제는 공저자 중 한 사람이 시사만평으로, 다른 한 사람은 앞서 출간한 책에서 지적한 대목이기도 하다. 그래서 이번에는 같은 주제를 다시 한 번, 한층 깊게 다룰 작정이다.

기본적인 사실들은 이미 명백하기 때문에 본질적으로 논쟁의 대상이 되지 못한다. 이제는 불을 꺼야 할 차례다. 드디어 대통령부터 총리, 교황에 이르기까지 많은 사람들이 우리 앞에 놓인 암담한 현실과 어려운 과제에 눈을 떴다. 우리는 이 자각의 새로운 징조를 (뉴욕을 비롯한 전 세계 여러 도시의 가두를 행진한 기록적인 인파 속에서, 마침내 2015년 지구촌 각국의 정상들이 탄소 배출량을 줄이기로 약속한 파리 기후변화회담에서) 목격해왔다. 그러나 우리가 행동이 필요하다고 깨닫기 시작할 때마다, 모호함과 부정론의 전파자들이 불쑥불쑥 끼어들어 훼방을 놓거나 잘못된 길을 가리키는 심술을 부리고 있다.

이제 우리는 우리 앞에 놓인 길을 흔들림 없이 곧장 걸어가야 한다. 우리에겐 남은 시간도, 주어진 기회도 별로 없다.

우리는 이 책에서 지구촌의 구성원 모두가 기후변화에 '반드시' 주목해야 하는 이유가 무엇인지, 나아가 대중을 혼란에 빠뜨리고 과학과 과학자 개인을 공격하며 심지어 기후변화를 허상이라고 부정하는 특정 이익 집단들과 정치인들의 어처구니없는 행태를 예의 주시해야 하는 이유가 무엇인지 살필 것이다. 비록 많이 늦었고 도전 과제 역시 까마득하지만, 우리에겐 아직 시간이 있다고, 그래서 희망이 있다고 믿는다.

우리는 독자들이 이 책을 읽으면서 무언가 배우기를 바란다. 재미도 느끼고 분노도 느끼기를 바란다. 아울러 영감도 얻고 동기도 발견하면 좋겠다. 정말이다. 우리는 벼랑 끝에 서 있다. 하지만 운명을 스스로 바꿀 수 있는 것도 우리다. 그동안 살아온 대로 계속 살아간다면, 우리는 파괴된 생태계와 한 치 앞도 내다볼 수 없는 카오스로 생명이 발붙일 수 없는 행성을 뒤로한 채 눈을 감아야 할 것이다. 그러나 우리 앞에는 대안적인 미래도 분명히 존재한다. 지속 가능한 지구를 만들어가자는 목표를 받아들이고 지금부터라도 단계적인 해법을 실천해나간다면 건강한 지구를 다음 세대에 물려줄 수 있을 것이다. 모든 것은 우리에게 달렸다.

그러므로 우리는 이 해괴한 정신병원에서 지금 당장, 그리고 영원히 탈출해야 한다.

1장

과학, 어떻게 작동하는가

과학. 모두가 과학을 지지한다고 말한다. 그렇다면 기후변화의 과학적 근거를 둘러싸고 논쟁이 화염처럼 타오르는 것은 대체 무슨 이유에서일까? 흥미로운 질문이다. 그러나 해답을 알면 충격을 받을지 모른다. 과학은 세부적으로 들어가면 복잡하기 짝이 없지만, '과학 하는 과정' 자체는 실로 간단하기 그지없다.

과학이 인간의 여러 활동 가운데 독특한 이유는 (저 유명한 칼 세이건을 인용하자면) '자기수정' 체계[1]에 의해 지배를 받기 때문이다. 과학은 이 체계를 통해 자연에 대한 이해를 넓히는 방향으로 한 걸음씩 나아간다. 비록 길을 잘못 택해서 막다른 골목에 들어서거나 발을 헛딛고 넘어질 때도 있지만 말이다. 이 체계는 '이례적인 주장'을 하려면 '이례적인 증거'가 반드시 필요하다[2]는 (역시 세이건이 선사한) 지고의 금언을 바탕으로 동료 과학자들의 비평 또는 전문가들의 증거 요구 같은 형태로 이루어지는 일련의 비판적 검토 과정이다. 이와 같은 선의의 회의론은 (독립적이고도 철저한 검토와 치밀하고도 상세한 질문을 통해서, 가능한 최고의 기준에 맞추어, 과학을 지키려는 노력으로서) 과학에 도움이 되는 정도가 아니라, 그야말로 본질적인 요소라고 할 수 있다. 자기수정 체계의 지속적인 작동을 담보하는 윤활유 역할을 담당하기 때문이다.

불행히도 우리는 '회의론'이라는 과학용어를 강탈당했다. 그 결과 이 말은, 특히 기후변화 논쟁에서, 완전히 다른 뜻으로 쓰이고 있다. 마음에 안 드는 과학적 근거를 가볍게 밀쳐내고 싶을 때 쓰이는 말로 전락한 것이다. 하지만 이런 용법은 회의론이 아니라 이미 입증되어 널리 인정받은 과학적 원칙들을 여론이나 이념, 경제적 이해관계, 이기심 또는 이 모든 요인들이 뒤섞인 이유로 깡그리 거부해버리는 부정론 내지 반대론에 불과하다.

우리는 현대판 갈릴레이라고 스스로 착각하는 책상머리 과학비평가들의 사이비 회의론으로부터 (훌륭한 과학 또는 과학자들만이 지니고 있는 고귀한 속성인) 참된 회의론을 구별해내야만 한다. 언젠가 칼 세이건이 언급한 것처럼, "몇몇 천재들이 조롱당했다고 해서, 조롱받는 모두가 천재라는 뜻은 아니다. 사람들은 콜럼버스를 조롱했고, 풀턴을 조롱했고, 라이트 형제를 조롱했다. 그러나 어릿광대 보조 역시 조롱당했다".[3] 수천수만의 어릿광대 보조(Bozo the Clown. 1960년대 미국 TV에서 인기를 끌었던 어릿광대 캐릭터)들이 설치고 돌아다닐 때, 갈릴레이 같은 인물은 한 사람 나올까 말까다. 하지만 정책과 관련된 과학적 이슈를 주제로 삼는 날선 논쟁에서는, 어릿광대 보조들이 확성기를 쥐는 경우가 너무 많다.

과학적 회의론

　　　　　　진정한 과학적 회의론은 다양한 형태를 띠기 마련
이다. 과학자들이 회의를 열어 의견을 주고받는 과정에서, 어떤 과학자가
새로운 발견을 제시하면 다른 과학자들이 귀 기울여 듣다가 질문 또는
비평을 던지거나 근거를 요구하는 식으로 이루어지는 것이 보통이다. 동
료평가의 형태를 띠기도 한다. 과학자가 자신의 발견을 논문으로 작성해
서 과학 전문잡지에 투고하면, 전문잡지 측에서 해당 분야를 전공한 과
학자 몇 명을 선발해 비판적 평가 작업을 진행하는 방식이다. 평가위원들
이 데이터, 토대가 되는 가정, 실험 설계, 논리 등에서 흠결을 발견한다면,
저자는 논문을 수정해서 다시 제출해야 한다. 논문 한 편에 대해 같은 과
정을 여러 차례 반복할 수도 있다. 마침내 검토 과정에서 제기된 우려 또
는 비평에 저자가 만족스럽게 대처했고 논문 내용이 과학의 기존 성과에
긍정적으로 기여한다고 편집자가 판단하면, 아니 그렇게 판단해야만 논
문을 게재할 수 있다.

　물론 동료평가를 통한 품질관리 과정이 완벽한 것은 아니어서 결점이
있는 논문도 불가피하게 게재되는 경우가 있다. 집합적인 지식체계를 한
편의 논문으로 정의하기란 불가능하기 때문이다. 그래서 동료평가에 대
한 동료평가가 진행되는 경우도 있다. 미국국립과학원NAS에서 그러듯
이, 한 차례 동료평가가 이루어진 특정 주제의 논문에서 여러 근거를 취
합해 다수의 과학자가 공동으로 검토하고 요점을 추려내는 식으로 재평
가하는 방식이다. 이렇게 도출한 평가 결과 역시 정확성, 객관성, 완전성
을 위해 다시 한 번 동료평가를 진행할 수 있다.

{여기서 도끼를 든 코끼리는 공화당을 상징한다. 조지 워싱턴이 아버지에게 선물받은 도끼로 아버지가 아끼는 체리나무를 베고는 잘못을 정직하게 털어놓은 일화에 빗댄 것.}

　하지만 중요한 사실은 과학적 평가체계에 악용할 소지가 있는 약점이 존재한다는 점이다. 그 약점은 대중이 과학을 이해하는 과정에서 드러난다. 과학에 대한 대중의 이해도는 과학을 공공정책에 반영할 때 핵심이 되는 요소다. 그런데 여기서 '회의적 관점'이라는 구실을 앞세워 혼란의 씨앗을 뿌려대는 사람들이 출몰한다. 실제로 불신과 의심을 떠벌리는 자칭 비평가들이 과학적 연구 과정 자체를 끊임없이 공격하고 있다.

　일례로, 이들은 과학자의 동기부여 문제와 관련해서 실상을 완전히 조작하는 행태를 보이고 있다. 과학자들이 지저분하고 은밀한 동기에서 어떤 주장을 밀어붙이는 것이라고 목소리를 높이면서, 과학을 앞세워 돈벌이에 나서고 있다는 의혹을 제기하는 것이다. '돈을 좇는 과학자들'이 '정부 예산을 따내 한몫 챙기려는 속셈'으로 저런다면서 말이다. 아이러니하게도, 자신들의 행태를 과학자들에게 그대로 '투사'한 느낌이 강하게 드는 표현들이다. 관련 산업의 어용단체들로부터 막대한 금액을 후원받은 사람들이 대중에게 허위정보를 퍼뜨리고 과학자들을 공격하기 위해 TV 카메라 앞에서 떠드는 내용이기 때문이다.[4]

이들의 비난이 정말 맞는 말이기는 할까? 가령, 기후과학자들이란 기후변화가 참말이고 인류가 저질렀다는 지배적 학설을 강조함으로써 대중과 정책결정자들을 불안하게 만들어 정부 예산을 곶감 빼먹듯 챙기려는 저의를 숨긴, 그런 사람들일까?

이런 전제가 얼마나 우스꽝스러운지 납득하려면, 과학이라는 체계가 구체적으로 어떻게 작동하는지 이해해야 한다. 과학자들의 세상이란 지배적인 학설을 강조하는 것만으로 명성을 떨칠 수 있는 곳이 아니다. 남들이 옳다고 입증한 이야기로는 《네이처》나 《사이언스》 같은 유력 과학지에 논문을 게재할 수 없다는 뜻이다. 과학자가 과학의 세계에서 자기 이름을 빛내려면 무언가 새롭거나 놀라운 것을 보여주어야 한다. 통설을 뒤집는 논문을 써야 한다. 독창적이고 획기적인 성과의 기록이어야 대학에 종신직을 얻을 수 있고, 연구비를 타내는 데 도움이 될 수 있고, 소속 기관으로부터 더 많은 봉급을 받을 수 있다.

지구가 뜨거워지지 않고 있다는 사실을 충실하게 입증할 수 있다면, 그 과학자는 과학계의 벼락 스타가 되고도 남는다. 지구가 뜨거워진 것이 인간 탓이 아니라 자연스러운 현상이라고 확실히 설명하는 논문이라면, 《네이처》와 《사이언스》에서 대서특필하지 않을 수 없을 것이다. 그런 과학자라면 전국 방송에서 각광을 받거나 《사이언티픽 아메리칸》 같은 과학지에 표지 모델로 등장할 것이다. 종신교수직을 보장받거나, 승진하거나, 미국국립과학원 종신회원에 선출될 것이다. 해당 과학자는 기존 패러다임을 깨부순 위대한 인물로 추앙받으며 갈릴레이, 뉴턴, 다윈, 아인슈타인, (판구조론으로 유명한) 베게너 등과 함께 그 이름이 역사에 길이 남을 것이다. 한마디로, 명예와 부를 한꺼번에 거머쥔다는 말이다.

이렇듯 과학자들이 동기를 부여받는 지점은 비평가들이 주장하는 바와 정반대다. 그러나 잊어선 안 된다. 과학계에서는 그 주장이 이례적일수록 더욱 이례적인 근거가 반드시 필요하다. 여러분이 대담한 주장을 새로이 개진하는 과학자라면, 그 주장을 과학적으로 방어하기 위해 만반의 준비를 해두어야 한다. 등에 표적지를 붙이고 다니는 셈이므로, 다른 과학자들의 집중사격을 피할 수 없다. 새로운 발견을 제시해서 유명해진 여러분을 꺾는 것 자체가 누군가에게는 명예롭고 영광스러운 저 높은 곳으로 직행하는 티켓이나 마찬가지다.

'상온 핵융합cold fusion'을 떠올려보자. 이는 1980년대 후반 한 쌍의 과학자들이 제기한 논쟁적 주장으로, 수돗물과 전극 두 개만 있으면 상온에서도 핵융합 에너지를 생산할 수 있다는 내용이다. 미국물리학회APS는 이 주장이 틀렸음을 입증하기 위해 연례회의 한 회기를 몽땅 쏟아 부었다. 이 주장을 무너뜨렸다는 이유로 캘리포니아공대 물리학 연구진이 과학계의 칭송을 받고 대중적인 인기마저 누렸다. 그러나 해당 연구진 역시 입증 의무를 피해 갈 수는 없었다. '상온 핵융합' 주장이 틀렸다는 반박을 뒷받침하기 위해 강력한 근거를 제시해야 했다.[5] 과학은 언제나 이렇게 작동하는 법이다.

하키스틱 곡선

이런 맥락에서 하키스틱 이야기를 거론하지 않는다면 부주의한 태도일 것이다. 1990년대 후반, 이 책의 공저자 가운데 한 사람(마이클 만)이 지금은 유명해진 '하키스틱 곡선hockey stick curve'을 발표했다. 지구 온도가 과거 1천 년에 걸쳐서 어떻게 변화했는지 보여주는 곡선이다. 이 곡선은 우리 시대가 겪고 있는 유례없는 지구온난화의 실상을 여실히 드러냈고, 기후변화 논쟁을 상징하는 연구 성과로 자리매김했다. 그 결과, 어떤 사람들에겐 집중적으로 공격해야 하는 표적으로 떠올랐다.[6] 하키스틱 곡선의 상징적인 위상을 감안할 때, 이 곡선이 틀렸음을 증명하는 과학자에겐 유명세와 함께 막대한 보상이 주어질 터였다. 실제로 많은 이들이 도전을 감행해왔다.

10개가 넘는 연구진이 다른 데이터와 다른 분석법을 동원해서 연구를 진행한 끝에 나름의 독립적인 결론을 도출했다. 하키스틱 곡선에 대한 이와 같은 도전의 성과들은 《네이처》나 《사이언스》 같은 주요 과학지에 게재되었다. 이 과정에서 야심찬 청년 과학자들이 경력을 번듯하게 일구어갈 기회를 붙잡기도 했다. 그러나 여러 과학자들이 치열한 하키 리그에 뛰어들기 시작한 지 10년이 지나고 15년이 지났지만, 여전히 하키스틱 곡선의 기본적인 결론을 재확인하는 수준에 그치고 있다.[7] 지금까지 이루어진 가장 포괄적인 연구조차 원조 하키스틱 곡선과 사실상 구별하기 어려울 정도로 비슷한 곡선을 내놓았을 뿐이다.[8] 하키스틱 곡선의 기본적인 연구 성과가 세월의 모진 풍파를 겪으면서도 건재함을 잃지 않았다는 뜻이다. 이제 대다수 과학자들은 여타 관련된 질문들(예컨대, 선사시대의 기온 변동을 주로 야기한 자연적 요인이 무엇일까?)에 대한 해답을 찾기 위해 다른 곳으로 떠났다.

과학이 작동하는 방식은 이렇다. 한때 과학 연구의 최전방(과학적 이해에서 추론적 영역)에 속하던 문제가 과학의 본체로 온전히 흡수되는 속도는 상당히 느리다. 그러므로 이 과정에서 줄기차게 이어지는 도전을 견딜 필요가 있다. 아니, 견뎌내야만 진정한 과학이 된다. 과학적 지식의 영토가 확장되면, 과학자들은 더 멀리 전진해서 새로운 전선을 구축하는 법이다. 이런 마당에, 원조 하키스틱 곡선이 애초에 오류였다면, 우리가 그 사실을 아직도 모를 수 있을까? 지구가 점점 뜨거워진다는 주장이 틀렸다면, 우리가 그 사실을 아직도 모를 수 있을까? 지구온난화의 주범이 인류가 아니라면, 우리가 그 사실을 아직도 모를 수 있을까? 과학계의 인센티브 구조를 생각하면, 이와 같은 명제들의 오류를 밝혀내는 연구야말로 (실제로 해내기만 하면 막대한 보상이 뒤따르므로) 야심에 불타는 청년 과학자들로서는 거부할 수 없는 유혹이었을 것이다.

그렇다고 해서 하키스틱 곡선이나 지구온난화, 인류가 그 주범이라는 사실에 흠집을 내기 위한 시도들이 종적을 감추었다는 뜻은 아니다. 오히려 정반대다. 과학자들의 공동체가 이런 성과들을 기정사실로 간주하고 다른 연구 주제로 옮겨 갔음에도, 고집스럽게 그 자리를 지키는 사람들이 있다. 하키스틱 곡선 같은 과학적 연구 성과를 괘씸하게 여기는 강력한 기득권 세력이 싸움을 멈추지 않은 탓이다. 이는 담배업계가 흡연이 건강에 미치는 악영향을 폭로하는 의학계의 연구 성과를 이익에 대한 침해로 간주하면서 반대 의견을 지닌 과학자들이나 싱크탱크들, 로비회사들을 그러모아 과학적 근거에 대한 대중의 신뢰를 떨어뜨리기 위한 대규모 허위정보 유포작전을 펼치도록 조장하는 행태와 똑같다.[9] 화학제품이 건강과 환경에 미치는 악영향을 입증하는 연구 결과의 신빙성을 화학업계가 끝없이 뒤흔드는 것도, 하키스틱 곡선 그 자체를 비롯해 인류가 기후변화를 초래했다는 과학적 사실의 신뢰도를 떨어뜨리려고 화석연료업계의 이익집단들이 홍보활동에 막대한 돈을 줄기차게 쏟아 붓는 것도 동일한 연속선상이다.[10]

이 일련의 공격들은 이른바 '과학과의 전쟁'[11]의 일환이다. 과학과의 전쟁이란 특정 이익집단들이 자신의 제품, 행위, 서비스가 위험을 초래한다고 입증하는 명백한 과학적 근거와 마주하면서 당국의 관리·감독과 규제를 어떻게든 회피하고자 일으키는 싸움판이다.

거꾸로 돌아가는 세상

작고한 상원의원 대니얼 P. 모이니핸은 생전에 "의견이야 제멋대로 말할 수 있을지 몰라도, 사실 관계는 제멋대로 바꿀 수 없다."라는 유명한 격언을 남겼다. 불행히도 요즘에는 사실들을 취사선택하거나 마음대로 뒤집어도 된다고 생각하는 사람들이 많다. 그들이 대안으로 선별한 '사실들'이 어떤 의제를 지지하는 것인 경우에는 그런 경향이 특히 심하다. 여러분이 《월스트리트저널》 사설면을 읽거나 폭스뉴스로 채널을 맞추면, 위아래가 뒤집히고 좌우가 뒤바뀌고 흑백이 정반대인, 모든 것이 거꾸로 돌아가는 괴상한 세상을 살고 있다는 기분이 들 것이다. 그런 세상에서 오존층 파괴란 신화에 불과하다. 환경오염? 단순오염 shmolution!{쉽게 원상을 되찾는다는 의미로, simple harmonic motion(단진동)의 약자인 shm과 pollution의 합성어} 진화? 한낱 '이론'에 불과하다. 산성비는 나무 탓이다. 그리고 지구온난화? 지구온난화의 '지'자도 꺼내선 안 된다!

하지만 그릇된 정보로 가득한 괴상한 세상에 갇혀 산다고 깨닫는 시민들이 점점 늘고 있다. "세상은 원래 그렇게 돌아간다"던 월터 크롱카이트 {미국 CBS 뉴스 앵커로 오랫동안 활약한, 존경받는 언론인의 대명사}의 시대는 저물었다. 우리가 사실들에 동의하던 시대, 그 의미에 대한 견해가 다른 사람들마저도 정중히 동의하던 시대는 갔다. 오히려 편견을 강화하는 (방송, 웹사이트, 신문, 라디오 같은) 정보의 원천들만 챙겨 보기로 마음먹은 사람들이 많은 것 같은 요즘이다.

따라서 여러분이 열렬한 기후변화 부정론자라면, 1)이 책을 안 읽고 말거나, 2)톰이 《워싱턴포스트》에 게재하는 시사만평 또는 마이클의 코멘트와 인터뷰를 외면하거나, 3)그릇된 인식을 기정사실화하려고 혈안인 보수 언론을 통해 기후변화에 대한 정보를 얻으면 된다. 입만 벌리면 거짓말을 일삼는 전 세계 수천 명의 과학자들이 사회주의 세계질서를 새로이 창출하려는 거대한 음모에서 기후변화라는 신화를 꾸며냈다는 논조가 마음에 든다면 말이다.

여러분이 이런 관점의 소유자라면, 기후변화가 1)정말이고, 2)우리 인류가 야기한 현상이며, 3)이미 심각한 문제라는 사실에 대해 압도적 다수의 지구촌 과학자들이 의견 일치를 보고 있는 현실조차 조금도 개의치 않을 것이다. (공화당원인) 에이브러햄 링컨 대통령이 설립한 미국국립과학원은 물론 전 세계 주요 선진국의 권위 있는 과학기관들이 기후변화가 사실이라고 인정한 점에 대해서도 아랑곳하지 않을 것이다.[12] 이 문제에 관여하는 미국 내 모든 과학단체들 역시 마찬가지라는 사실 또한 일고의 가치도 없을 것이다.[13] 그런 관점에서 바라보면, 이 모든 것이 과학자들의 음모가 넓고도 깊숙하게 이루어지고 있다는 확실한 반증에 불과할 것이다.

강성 기후변화 부정론자들과 제대로 된 대화를 나누기가 갈수록 어려

워지는 것은 바로 이와 같은 꽉 막힌 사고방식, 지적 폐쇄성 탓이다.

과학적 논쟁은 생각이 다른 출연자들이 텔레비전 화면 속에서 벌이는 토론이 아니라 공식과 가설의 증명, 확고한 데이터의 분석, 사실들의 검토를 통해 이루어진다. 그러나 우리 대중매체들은 기후변화라는 주제를 엄격한 토론 형식으로 다루는 경우가 너무 잦다. 여러분은 이런 방식의 토론으로 이득을 보는 자가 누구라고 생각하는가?

의심은 그들의 상품이다

정책 관련 과학에 대한 대중적 투쟁에서, 특정 이익 집단들은 여론재판으로 상황을 이끌고 가면 유리하다는 인식을 오래전부터 품어왔다. 기후변화를 막기 위한 행동이 불필요하다는 어젠다를 강화하려면 과학적 근거에 대한 대중적 불신을 충분히 조장할 필요가 있다는 것이 내부연구, 표적집단, 여론조사 등을 통해 그들이 깨달은 바다. 담배업계 내부의 어느 보고서가 "의심이 곧 우리의 상품"[14]이라고 언급한 것처럼 말이다.

우파 언론매체들이 이런 어젠다의 나팔수로 복무한다는 사실은 놀라운 일도 아니다. 그러나 더 골치 아픈 문제는 '주류' 언론마저 부지불식간에 공범 역할을 수행해왔다는 점이다. 주류 매체들은 진화론이나 기후변화 등 객관적 사실에 대한 논의에서 '양측'을 동등하게 다루어야 한다는 인식을 우리 사회에 심었다. 결과적으로 객관적 사실에 대한 의심이 정당하다는 사고방식에 힘을 실어준 것이다. 반면, 코미디언이자 TV 쇼 진행

자인 존 올리버는 기후변화 부정론자 3명과 스튜디오에서 논쟁하는 도중에 (우리 친구이자 '사이언스 가이'인 빌 나이를 포함해서) 과학자 97명을 무대 위로 불러들였으니, 사태를 정확히, 제대로 파악했다고 할 수 있겠다.[15] 과학지에 논문을 게재하는 진짜 과학자들이 인류가 기후변화를 야기했는지 여부를 따지는 시합을 벌였더니, 판정 결과가 50 대 50이 아니라 97 대 3으로 나왔다는 의미였다.[16]

우리가 앞으로 자세히 살피겠지만, 관련 업계에서 자금을 댄 기후변화 부정론의 성공은 걸핏하면 동의보다 마찰을, 합의보다 논란을 강조하려 드는 언론매체들이 상당 부분 기여한 덕분이다.

언론학 개론에서 가르치는 그릇된 '균형'이라는 조미료를 약간만 첨가하면, 관련 산업의 어용단체들과 그들이 고용한 청부업자들로서는 대중적 혼란을 야기할 수 있는 완벽한 레시피를 얻는 셈이다. 그들의 주특기는 진실을 애매모호하고 불분명하게 만들어 대책 마련과 그 실행을 늦추는 재주라고 할 수 있다.

"저는 과학자가 아닙니다." 많은 정치인들이 날이 갈수록 애용하는 후렴구다. 하지만 이 말은 기후 문제를 주제로 삼는 지적인 대화를 회피하기 위한 또 다른 공식에 불과하다. 나아가 어떻게 이해해도 합당한 답변이 아니다. 논리적으로 "과학자들이 합의하는 대로 따르겠다"라는 말이 뒤따라야 하기 때문이다. 그러나 이렇게 말하는 정치인들치고 기후변화라는 객관적 과학을 지지하는 사람은 없는 것 같다.

오히려 이들은 과학자들끼리 100% 의견 일치에 도달하지 않으면 확실한 것은 아무것도 없다는 투로 행동한다. 그러다가도 자신이 듣고 싶었던 내용을 극소수의 과학자들이 입 밖에 내기만 하면 흔쾌히 찬성하고 나서는 이중성을 보인다. 이런 부류의 과학자들은 심지어 기후과학을 전공하지도 않은 사람이 대부분이다. 하지만 무슨 상관이겠는가? 아무리 극소수 의견일지라도, 과학은 과학이니까.

예를 들어, 과거 10~20년 사이에 특정한 몇 해의 기온만을 고르고 골라서 지구온난화가 '멈추었다'는 주장을 개진하는 사람들이 있다. 그러나 일련의 흐름이 시작된 첫해만을 선별해서 아전인수 식으로 논리를 편다는 것은 정직하지 않다는 반증이다. 과학계에서 그런 멈춤이 '가짜 멈춤'으로 통하는 이유다.[17]

그러나 기후변화를 부정하는 정치인에게 필요한 것은 '지구온난화가 이미 멈추었다'는 논지를 공개적으로 천명하는 단 한 사람의 과학자가 전부다. 이후 전개는 빠르다. 과학자 한 사람의 주장을 결정적인 근거로 아무렇지 않게 인용하고, 지구온난화가 완전히 멈추었다는 이 '사실'을 목청껏 떠벌리다가, 결국에는 아무 걱정 말고 안심하시라는 선언으로 끝을 맺는 식이다.

물론 데이터를 종합적으로 살피면, 온난화의 흐름이 소강 상태를 보이는 것은 일시적인 현상에 불과하다는 사실을 대번에 파악할 수 있다. '멈춤'은 전혀 없었고, 기온은 최고 기록을 끊임없이 경신하고 있다. 기후변화를 부정하는 정치인들은 우리가 이런 사실을 들이대면 그저 골대를 이동하는 것으로 응수하고 만다. "글쎄요, 기후란 늘 변하니까요."

낭떠러지에서 추락하지 않으려면

　　그러면 대중은 사실과 의견이 뒤섞인 이 늪지대를 어떻게 헤쳐나가야 할까? 불확실성은 언제 어디서나 존재한다. 그렇다고 해서 행동에 나서지 않을 이유가 되는 것은 아니다. 불확실성을 이유로 행동에 나서지 않으면, '모든 것을 알지 못하므로 아무것도 모른다'고 단정하는 오류를 범하는 것이나 마찬가지다. 우리는 현대 사회의 모든 측면에서 불확실성과 맞닥뜨릴 때마다 모종의 판단을 내린다. 우리가 비행기를 타고, 자동차를 몰고, 횡단보도를 건너고, 미생물이 둥둥 떠다니는

공기를 들이마시는 행동에 나서는 까닭은 위험에 처할 가능성이 매우 낮다고 판단하기 때문이다.

산성비나 오존층 파괴, 기후변화 등 지구촌이 직면한 환경 위협의 경우, 그 위험의 개연성과 중대성이 대단히 크다. 따라서 행동에 나서야 하는 적절한 이유를 찾기에 앞서, 객관적 사실들에 대한 기초적 이해와 예방의 원칙에 대한 기본적 존중이 먼저다.

기후과학은 애초에 두 가지 기초적 사실을 바탕으로 삼고 출발한다. 첫째, 이산화탄소CO_2는 열을 가두는 기체로 널리 알려져 있다. 둘째, 인류는 화석연료를 태우는 등의 행위를 통해 지구 대기층에 존재하는 CO_2 양을 대폭 증가시켰다. 실제로 우리는 CO_2 양이 두 배에 도달하는 고지를 향해 거침없이 전진하고 있다. 바로 이 지점에서 지구온난화는, 인류가 이 행성을 덮혀서 기후체계에 악영향을 미쳤다는 '일견 증거가 확실한 사건prima facie case'이 된다.

그러나 지구온난화에 대한 대중적 논의는 이내 다양한 가설에 대한 논의로 뒤바뀌고 말았다. 아마도 열이 더 많이 갇힐수록 구름이 더 많이 생길 것이고, 따라서 지구를 덮히는 햇빛이 우주 밖으로 더 많이 튕겨나갈 것이라는 음성 피드백 회로{negative-feedback loop. 특정 시스템의 결과물이 시스템 자체의 작동을 억제하는 작용. 기상학의 경우, 기후변화를 억제하는 작용이 여기에 해당한다}에 따른 것으로 보인다. 그러나 새롭게 작동하기 시작한 음성 피드백 회로의 그 모든 시나리오로 인해 양성 피드백 회로의 작동이 아예 멈추는 것은 아니다. 이를테면, 지구온난화가 영구동토층을 녹이면서 그 속에 묻혀 있던 (열을 가두는 또 다른 기체인) 메탄의 방출을 야기할 수 있다는 추정이 가능하기 때문이다. 아울러 타당성이 실제로 입증된 예측들 역시 양성 피드백 회로 쪽이다.

1)CO_2가 열을 가두고, 2)우리는 금세기 중반까지 CO_2 양을 두 배로 늘리는 방향으로 나아가는 중이며, 3)만약 우리가 예상되는 궤적을 그대로 따라갈 경우, 전례 없는 기후변화가 나타날 것이라는 압도적인 근거들과 마주한 만큼, 그 입증 책임은 정반대를 주장하는 쪽에서 져야 마땅하다. 이것이 바로 '사전 예방의 원칙precautionary principle'이다. 이미 밝혀진 객관적 사실들을 감안할 때, 2세기도 안 되는 짧은 기간에 두 배로 늘어난 CO_2 양이 기후에 상당한 충격을 가하지 않을 것이라고 확증할 책임이 기후변화 부정론자들에게 있다는 뜻이다. 자못 단순한 사실들을 숨기기 위해 그들이 지난 수십 년 동안 고의로 유포한, 이제는 설득력을 점점 잃어가는 일련의 가설들에 대해 책임을 져야 한다는 뜻이기도 하다.

그러면 우리는 어떻게 행동하고 어떻게 생각해야 할까? 적어도 두 가지를 당부하고 싶다. 먼저 여러분이 과학적 체계를 어느 정도 존중하는 사람이라면, 과학적 사실들이 의심받는 상황에 처할 경우, 측정과 분석과 이해를 위해 분투하는 과학자들에게 의지하기 바란다. 의견의 불일치가 명백하거나 불확실성이 계속해서 득세하는 상황이라면, 근거의 우월성preponderance of evidence을 무기로 삼자. 별로 어려운 일이 아니다. 과학자들이 말하듯 "근거의 우월성!" 하고 외치면 된다.

완벽한 근거란 수학의 정리 또는 알코올음료 따위에 어울리는 표현이다. 과학을 향해 완벽한 근거를 요구한다면, 과학이 체계를 갖추는 고유의 과정을 무시하겠다는 속마음을 드러내는 꼴이다. 과학은 오히려 상당한 수준의 가능성, 근거들 사이의 균형, 여러 갈래의 근거들이 보여주는 일관성을 다루는 분야다. 우리는 중력을 '입증'할 수 없다. 결국은 하나의

'이론'에 '불과'하기 때문이다. 그러나 우리는 깎아지른 낭떠러지 옆길을 위태롭게 걸을 때면, 그 이론을 존중하지 않을 도리가 없다. 우리는 진화를 '입증'할 수도 없다. 역시 하나의 '이론'에 '불과'하기 때문이다. 그러나 우리가 그 이론을 이해하지 못한다면 독감 같은 전염병과 싸워서 이길 수 없을 것이다.

온실효과 역시 '입증'이 불가능하다. 역시 '이론'에 '불과'하다. 하지만 미국 공군이 1950년대에 온실효과와 대기층의 열 흡수를 이해하지 못했다면 열추적 미사일을 개발하지 못했을 것이다.

따라서 우리는 화석연료를 태우는 등의 행위가 지구의 기후를 바꾸고 있다는 명제의 이면을 구성하는 과학적 체계를 전적으로 존중해야 한다. 근거는 압도적이고, 시간이 흐를수록 그 힘과 일관성이 증가 일로에 있다. 이는 강력한 과학적 체계의 전형적인 특징이다.

100% 확실하기 때문에 기후변화에 대응하는 정책을 수립했던 것도 아니다. 그동안 우리는 날로 증가하는 CO_2 배출량을 줄이기 위해 수많은 정책을 펼쳐왔다. 하지만 기후변화로 인한 손실비용을 고려하면 오히려 비용이 덜 드는 정책들이었다. 연료 및 에너지 효율성을 제고하기 위한 정책들이 진즉에 시행되어 긍정적인 효과를 충분히 보이고 있다. 행동에 나서지 않아서 발생하는 비용이 행동에 나서는 비용보다 훨씬 많이 든다. 그리고 해가 갈수록 그 격차가 커지고 있다.

몇 십 년 전까지만 해도 시간은 우리 편이었다. CO_2 배출량을 그 당시에 축소시켰더라면, 지금 우리가 축소해야 하는 CO_2 배출량의 규모는 훨씬 적을 것이다.

하지만 우리는 과학을 무시했고, 우리 앞에 놓였던 합리적인 선택들을 외면했다. 그 결과, 우리는 이미 대가를 치르고 있다. 시간은 더 이상 우리 편이 아니다. 우리에게 주어진 시간을 한층 현명하게 활용해야 하는 이유다.

| 2장 |

기후변화의 기본 개념

　기후과학의 기본 개념은 아주 간단하고 한결같은 사실을 바탕으로 삼는다. 대기 중의 이산화탄소가 열을 가둔다는 사실, 그리고 우리가 대기 중에 더 많은 이산화탄소를 보태고 있다는 사실이다. 나머지는 그저 잔가지들이다.

　지나치게 세세하고 복잡한 과학적 논쟁의 실타래 속에서 핵심적인 내용을 분리해내는 것이 중요하다. 예컨대, 요즘은 지구가 둥글고 태양 주위를 맴돈다는 사실을 누구나 이해한다. 실로 간단한 진실이 아닐 수 없다. 그러나 지구의 실제 모양(편구형)과 궤도(편심형 타원)를 설명하는 것은 훨씬 복잡한 일이다. 행성의 궤도나 일식이 발생하는 시점, 우주 비행의 궤적을 계산하는 것도 복잡하고 어렵다. 하지만 기본 개념도, 계산의 결과도, 여러분 스스로 머리를 싸매고 계산기를 직접 두드려서 이해할 필요는 없다.

　기후 문제에 관해서도 마찬가지다. 기후변화를 부정하는 관련 업계의 경우, 전문적인 내용이나 자질구레한 세부사항을 시시콜콜 따지고 들면서 기후과학의 기본 개념을 모호하게 만드는 전략을 채택해왔다. 그러나 아무리 그런다고 해도 CO_2가 많을수록 지구 표면이 뜨거워진다는 기본적인 사실이 바뀐 적은 없고 바뀔 수도 없을 것이다.

간단함과 단순함은 서로 다르다. 단순함이란, 엄동설한에 날씨가 춥다는 이유로 "이 날씨에 지구온난화라는 말이 나와?" 하고 소리치거나, 한겨울 추위로 고생하다가 어느 하루 날씨가 따뜻하다고 해서 "이런 것이 지구온난화라면, 인정하겠어!" 하고 조롱하는 행위를 가리킨다. 지구온난화의 명백한 반증이라며 의회 의사당 바닥에 눈뭉치를 가져다놓거나, 지구가 계속 뜨거워짐을 낱낱이 보여주는 측정 결과에 수긍하는 척하면서 "기후란 늘 변하는 법!"이라고 비꼬는 행위도 마찬가지다. 맞다. 실제로 기후는 줄곧 변해왔고, 지금도 계속 변한다.(이 문제는 나중에 파고들기로 하자.) 그러나 이번에는 기후변화를 일으키는 주체가 우리 인간들이고, 그 변화가 좋은 쪽이 아니라 나쁜 쪽으로 이루어진다는 것이 문제다.

물리학 및 화학의 기본 상식

여러분은 온실효과가 "새로이 등장한 과학적 논쟁거리"라고 말하는 삼촌을 매년 명절 때마다 만나야 할지 모른다. 그 삼촌을 또 만나면, 온실효과 이론이 거의 두 세기 전에 등장했다고, 물리학과 화학의 기본 상식에 해당한다고 일깨워주자. 조제프 푸리에는 (열전도 법칙과 푸리에 급수를 발견한 과학자로서) CO_2 같은 대기 중의 특정 기체가 열을 가둠으로써 오늘날 우리가 '온실효과'로 지칭하는 현상을 일으킨다고 이해한 바 있다.

스반테 아레니우스 역시 (1세기도 전에 산성酸性의 정의를 내린 과학자로서) 우리가 화석연료를 태워 대기 중의 CO_2 양을 증가시킨 탓에 지구의 온도가 올라가는 중이라는 사실을 이미 인식하고 있었다. '산성'이라는 말이 나온 김에, 우리 탓에 증가한 이 CO_2가 바다의 산성화를 초래한다는 점에도 주목하자.(이는 CO_2가 야기하는 또 다른 문제다.) 아레니우스는 바다의 산성화라는 기초적인 화학적 변화 과정을 잘 알고 있었다.

지금까지 반세기가 넘도록 채취해온 공기 샘플과 수천 년 전에 생긴 얼음핵 샘플을 관찰하면, 우리 시대의 대기 중 CO_2 수치가 인류 문명의 여명기는 물론 원시 인류가 탄생한 500만 년 전 이래로 한 번도 경험한 적이 없는 수준에 도달했음을 알 수 있다.

산업혁명 이전까지만 해도 대기 중 CO_2의 농도는 280ppm 정도였다. 그런데 지금은 400ppm을 넘어섰다. 그 결과 지구의 온도는 화씨 1.5도(섭씨 1도)쯤 상승했다. 이 정도의 온도 상승은 한마디로 빙산의 일각이다.

우리가 요즘처럼 화석연료를 계속 태우면, 이번 세기 중반쯤에는 CO_2 농도가 (대략 550ppm으로 치솟아) 두 배에 이를 것이다. 아레니우스는 CO_2 농도가 두 배로 올라가면 지구 온도가 화씨 9도(섭씨 5도)쯤 상승할 것으로 추정했다.[1] 19세기에 종이와 연필로 계산한 결과가 현재 전 세계에서 가장 강력한 슈퍼컴퓨터로 기후변화를 시뮬레이션해서 도출한 화씨 5.5도(섭씨 3도) 정도라는 추정치보다 꽤 높다고 해도, 우리는 아레니우스의 추정이 부정확하다고 비난할 수 없을 것이다.(이 수치를 평형기후민감도 equilibrium climate sensitivity라고 부른다. 온실가스 농도의 증가에 대해 지구의 기후가 얼마나 민감한지 나타내는 지표다.) 이 수치는 증가한 CO_2만의 온실효과로부터 기대되는 온도 상승분에 비해 대략 두 배에 이르는데, 우리가 제1장에서 이야기한 양성 피드백 회로가 작동하면서 온도 상승분을 증폭시킨 결과다.

같은 모형에서 우리는 1)연구 결과로 확인된 온도 상승의 원인을 자연에서 찾을 수 없고, 인류가 야기한 온실가스 상승 곡선만이 지구온난화의 패턴과 맞아떨어질 뿐이며, 2)여느 때처럼 화석연료를 계속 태우며 살아간다면, 21세기 말에는 지구의 온도가 화씨 9도(섭씨 5도) 정도 올라갈 것이라는 사실을 알 수 있다.

이와 같은 온도 상승분은 가장 최근(약 2만 5,000년 전)에 거쳐 간 (지금의 맨해튼이 얼음판으로 뒤덮여 있었던) 빙하기의 절정기부터 오늘날에 이르기까지 지구의 온도가 상승한 수치와 맞먹는다.

여기까지는 동의하겠는가? 그렇다면 지구온난화를 뒷받침하는 기초적인 자연과학을 어느 정도 이해한 셈이다.[2] 별로 어렵지 않았을 것이다. 그렇지 않은가?

지구가 뜨겁게 말라가는데… 비는 더 내린다?

그렇다면 이와 같은 온난화의 결과로 예상 가능한 그림은 너무도 분명하다. 최근 몇 년 동안 미국, 유럽, 인도, 파키스탄 등 지구촌 곳곳을 수시로 괴롭혀온 끔찍한 폭염이 해를 거듭하며 더 강력히 위세를 떨칠 것으로 예상할 수밖에 없다는 말이다.

그러나 지독한 무더위 현상은 우리 행성이 앓고 있는 열병의 가장 두드러진 증상에 불과하다.

우선 이산화탄소 배출량이 증가하고 기후가 따뜻해지면서 대규모 바람 패턴의 변동이 예상된다. 최근 아열대지방(사하라, 모하비 사막 등)에서 발견되는 건조한 하강기류 지역은 극지 방향을 향해 그 범위를 계속 넓혀갈 것이다. 미국 같은 나라에 더 건조하고 더 사막 같은 여름 날씨가 찾아온다는 뜻이다. 역설적으로 들릴지 모르겠지만, 우리는 이렇게 뜨겁고 건조해진 바로 그 지역에서 심각한 홍수 피해가 발생할 가능성이 더 높다고 예상한다. "어떻게 그럴 수 있지?" 여러분은 의아할 것이다.

따듯한 공기는 차가운 공기보다 습기를 더 많이 머금는데, 그 증가량은 거의 기하급수적이다. 역시 물리학과 화학의 기본 상식이다. 대기 중에 '상승' 운동이 존재할 경우, 식으면 응결해서 비나 눈으로 내릴 수 있는 습기를 공기가 많이 머금고 있다는 의미다. 여기서 비나 눈으로 내릴 수 있다는 대목에 유념하자. 반대로 '하강' 운동이 자주 일어나는 지역에서는, 특히 여름에는, 공기가 습기를 많이 머금는 상황이 자주 발생하지 않는다. 하지만 '어쩌다가' 조건이 맞아떨어지면, 막대한 강수량을 기록할 가능성이 있다. 비 내리는 날수가 줄어들지언정, '일단' 내리기 시작하면, 흡사 양동이로 퍼붓듯이 쏟아질 것이다. 텍사스가 최근 몇 년 사이에 기

지구온난화의 재앙 #1

D.C.

기록적인 호우

지구온난화의 재앙 #2

기록적인 더위

D.C.

…그러나 여전히 파라오의 머리는 단단하게 붙어 있다…

어쩌면 우리는 누군가 검찰에 압송당하기를 기다려야 할지도 몰라.

록적인 가뭄(2011년 여름)과 기록적인 홍수(2015년 봄)라는 쌍둥이 천재지변을 겪어온 까닭이 여기에 있다.

캘리포니아가 어쩌면 영원할 것 같은 지독한 가뭄에 5년째 시달리는 이유도 같은 맥락이다.

사실 (캘리포니아 가뭄의 주범인 요지부동의 기압골 탓에 북쪽으로 떠밀려 올라간) 제트기류가 습기를 머금은 대기의 남하를 차단하는 현상에서 기후변화가 어느 정도 책임이 있는지를 놓고 과학계 내부에 논쟁이 꽤 있다. 그럼에도 불구하고, 1천 년 이상 거슬러 올라가도 유례를 찾을 수 없는 캘리포니아 최악의 가뭄은 이례적으로 낮은 강수량과 기록적인 고온이 결합하면서 흙에 함유된 미량의 습기마저 증발시킨 결과다. 그리고 이 결합에는 인류가 야기한 기후변화의 지문이 묻어 있는 것으로 보인다.[3]

해수면 상승

빙하와 얼음판氷床이 녹아서 흘러내리고 열기가 바다 깊숙이 파고들어 바닷물이 문자 그대로 팽창하면서 지구의 해수면이 지속적으로 상승하고 있다. 지금까지 우리가 관찰한 해수면 상승폭은 대략 10인치(25.4센티미터)인데, 역시 빙산의 일각이라고 할 수 있다. 그린란드와 서남극 얼음판이 (수십 년 전에 예측되었고, 현재도 우리가 그 모습을 관찰할 수 있듯이) 녹기 시작한 만큼, 앞으로 해수면은 점점 더 빠르게 상승할 것이다. 가속이 붙기 시작했다는 뜻이다.

보수적인 추정치조차 지구의 해수면이 이번 세기 말까지 3피트(1미터)

정도 올라갈 것으로 내다보고 있다. 심지어 5~6피트(1.5~1.8미터)까지 상승할 가능성도 배제할 수 없는 상황이다. 1피트도 못 미치는 해수면 상승이 태평양의 투발루, 키리바시, 몰디브나 알래스카의 키발리나처럼 야트막한 섬들에 벌써부터 심각한 위협을 가하는 현실을 감안하면, 5~6피트 상승한 해수면이 어떤 결과를 몰고 올지 걱정스럽기만 하다.

해동 중인 북극지방

북극지방과 남극지방을 비교해보자. 북극지방은 대륙이 아니라 바다가 대부분을 차지한다. 이곳을 뒤덮은 바다얼음海氷은 겨울에 커지고 여름에 줄어든다. 물론 바다얼음이 줄어들더라도 해수면 상승에 유의미한 영향을 미치지는 않는다. 물컵에 들어 있는 얼음이 녹는다고 해서 수면이 올라가는 것은 아니듯이 말이다. 그러나 바다얼음이 녹는 것은 그 자체로 문제가 있다.

북극지방의 바다얼음은 북극해에 서식하는 미생물부터 바다코끼리나 북극곰처럼 카리스마 넘치는 거대 동물까지 무수한 생명체들이 정교한 먹이사슬로 얽혀서 살아가는 터전이다. 따라서 바다얼음에 문제가 생기면 먹이사슬 자체가 붕괴할 수 있다. 이 점에 대해서는 나중에 살피기로 한다.

기후모형을 연구하는 과학자들은 이번 세기 말이면 북극지방 바다얼음이 여름철에 완전히 녹아버리는 현상을 보게 될 것으로 전망해왔다. 하지만 실제로 관찰한 결과를 보면 그 시점이 앞당겨질 가능성이 높아서 우려스럽다. 지난 10년 동안 바다얼음이 급격히 줄어드는 실상을 고려할 때, 얼음이 완전히 녹은 북극의 여름을 향후 20년 안에 보게 될 것으로 경고하는 과학자들이 많다.

바다얼음의 급격한 감소 현상은 북극지방에서 멀리 떨어진 지역까지 벌써부터 충격을 가하고 있다. 캘리포니아부터 뉴잉글랜드까지 일대 혼란이 벌어진 것도 이 때문으로 보인다. 북극지방 바다얼음이 줄어든 탓에 특이한 모양새의 제트기류가 형성되어 요지부동으로 한자리에 주저앉을 수 있다는 여러 연구 결과가 나온 것이 벌써 10년도 전이다. '마루' 형태의 고기압(기압마루)에 떠밀려 북쪽으로 구부러진 제트기류가 비나 눈을 머금은 폭풍의 남하를 가로막기 때문에 캘리포니아의 가뭄이 악화 일로를 걷고 있다는 이야기다.[4] 최근 몇 년 사이 미국의 겨울철 기온이 (너무 온화하거나 너무 차가운) 극단적 양상을 보이는 이유도, 슈퍼폭풍 샌디가 미국 동쪽 바다로 빠져나가는 허리케인의 일반적인 경로와 달리 서쪽으로 예기치 않게 방향을 틀어 뉴욕 시와 뉴저지 해안을 직접 강타한 것도 이 제트기류 탓일 가능성이 높다.[5]

재난영화 속의 현실, 가능한가?

기후변화는 주요 해류들마저 헝클어놓을 수 있다. 여러분은 〈투모로우〉(롤랜드 에머리히 감독, 2004년)라는 영화를 기억할 것이다. 물론 토네이도가 로스앤젤레스를 파괴하거나 초강력 허리케인이 북반구 전체를 쑥대밭으로 만들 것으로 걱정하지 않아도 좋다. 얼음판이 대륙을 뒤덮으려면 며칠이 아니라 몇 천 년이 걸린다고 안심해도 괜찮다. 하지만 그 세세한 내용을 접어놓고 보면, 영화가 딛고 선 전제 자체는 진실의 일면을 반영한다고 생각한다.

빙하기는 지구의 공전 궤도가 약간 바뀌는 결과로 (짧게는 몇 만 년에서 길게는 몇 십만 년에 이를 만큼) 아주 오랜 시간에 걸쳐서 왔다가 간다. 이런 변화는 몇 년에서 몇 세기 정도 이어지더라도 감지하기 어렵다. 하지만 변화가 수천 년간 축적되면 이야기가 완전히 달라진다. 지금까지 70만 년이 넘는 세월이 흐르는 동안, 대략 10만 년마다 한 번 꼴로 빙하기가 찾아왔다. 이 시기는 비교적 온화한 기온과 상당히 줄어든 대륙 얼음판을 특징으로 하는 비교적 짧고 따뜻한 (1만 1,500년쯤 전부터 시작되어 오늘날에 이르는 이른바 '홀로세' 같은) '간빙기', 그리고 비교적 낮은 기온(현대보다 낮은 화씨 7~9도[섭씨 4~5도] 정도)과 비교적 오랜 기간, 대륙을 뒤덮은 얼음판을 특징으로 하는 '빙하기'가 교대로 오가는 패턴을 보인다.

그런데 빙하기로 접어들면서 얼음판이 커지는 현상은 몇 만 년에 걸쳐서 아주 서서히 이루어지지만, 얼음판이 녹는 것은 순식간이다. 불과 몇천 년도 안 걸릴 정도다.

가장 최근에 찾아온 빙하기는 대략 10만 년 전에 시작됐고, 얼음판이 녹기 시작한 것은 1만 3,000년 전부터다. 그런데 홀로세로 접어들면서 재미있는 상황이 벌어졌다. 우선 얼음 녹은 물의 상당량이 북대서양 아한대 지역으로 흘러들었다. 그런 뒤 대체로 짜고 진한 그쪽 바닷물을 묽게 만들어버렸다. 얼음 녹은 물이 흘러들자 북대서양 아한대에서 일반적으로 나타나는 바닷물의 하강운동이 지장을 받았다. 담수가 해수보다 가볍기 때문이다. 흥미로운 이야기가 펼쳐지는 것은 여기서부터다.

사실 이 하강운동은 우리가 북대서양해류라고 부르는 거대하고도 중요한 대양의 흐름을 추동하는 데 이바지한다. 흔히들 멕시코만류라고 부르지만, 깐깐한 해양학자들은 그 이름을 미국 남동해안 앞바다에서 바람이 일으킨 해류(풍성해류風成海流)에만 붙인다. 노스캐롤라이나 주 케이프 해터러스 부근 바닷가에서 출발한 이 해류가 아이슬란드와 유럽 쪽으로 방향을 틀어야 비로소 북대서양해류가 된다면서 말이다. 사실 북대서양해류는, 따뜻한 표층수를 북대서양의 높은 위도 방향으로 운반해 그 일대를 비교적 따뜻하게 데우는, 컨베이어 벨트 같은 해양 순환체계의 표층해류라고 정의해야 가장 정확하다. 그렇게 이동한 표층수가 북대서양 아한대에서 심해로 가라앉아 남쪽으로 방향을 틀고, 결국은 위도가 낮은 지역에 이르러 다시 표면으로 올라온 다음, 마침내 북대서양으로 되돌아가야 해류의 순환 경로가 완성된다.

하지만 이 컨베이어 벨트 같은 대양 순환의 경로가 끊긴다면, 북대서양과 그 주변 지역이 차갑게 식을 수밖에 없다. 이것이 바로 1만 3,000년 전에 얼음 녹은 물이 북대서양으로 흘러들었을 때 발생한 현상이다. 북대서양과 그 일대 북아메리카 및 유럽 지역은 마지막 빙하기로부터 최종적으로 빠져나온 1만 1,000년 전까지 약 1,500년 동안 빙하기로 되돌아간 듯한 환경이 조성되었다. 이 1,500년에 걸친 한랭기를 신드리아스기Younger Dryas라고 부른다. 툰드라 지대에서나 피는 드리아스라는 꽃이 유럽 전역에서 만발한 시기가 이때와 맞아떨어지기 때문에 붙은 이름이다.

가장 최근 빙하기가 끝날 무렵에 빙하에서 녹은 물이 적어도 북반구 일부를 빙하기 같은 조건으로 되돌리기에 충분했다면, 지구온난화에 의해 북반구 빙하(특히 그린란드 얼음판)가 녹아도 비슷한 결과를 낳지 않을까? 이것이 영화 〈투모로우〉에 깔려 있는 전제다. 그런데 신드리아스기처럼 극적인 현상이 나타나기에는 우리에게 주어진 얼음이 너무 적다. 또 다른 빙하기를 맞이할 준비가 안 되어 있는 셈이다. 기후모형으로 시뮬레이션을 진행한 결과에 따르면, 우리 시대의 컨베이어 벨트도 이번 세기 말이면 기력을 상당히 잃을 것으로 예상된다. 실제 현상을 직접 관찰한 결과 역시 우리가 기후모형의 예측에서 많이 벗어났다는 사실을 다시 한 번 일깨워주고 있다.[6]

우리는 기껏해야 그린란드 남쪽의 조그만 바다가 식는 현상이나 북대서양 일대의 일부 해안지역에서 온난화가 조금 덜 진행되는 현상을 보는 것으로 만족해야 할지 모른다. 하지만 이와 같은 해류체계의 교란만으로도 지구촌 수산자원의 중요한 원천인 북대서양의 해양 생산성에 불리한 영향을 미칠 수 있다.

극단적인 날씨

그러므로 로스앤젤레스가 거대한 토네이도에 짓밟히지 않았다고 해서, 허리케인이 대륙 전체를 휩쓸어버리는 천재지변을 당하지 않았다고 해서, 기후가 점차 극단적인 방향으로 변해가는 '뚜렷한' 경향을 보일 것으로 예상하지 않아도 괜찮을까?

몇몇 상황의 경우, 대답은 간단하다. 앞서 언급한 대로, 지구에서 비교적 온난한 지역은 앞으로 더 강력한 폭염이 더 자주 발생할 것으로 예상된다. 반면, 극단적인 추위는 전반적으로 줄어들 것이다. 폭풍은 더 따뜻한 바람이 더 많은 습기를 머금게 되므로 더 많은 비를 뿌릴 것이다. 봄과 여름에는 더 많은 홍수가 발생하고, 차츰 짧아지는 겨울에는 살을 에는 눈폭풍이 해안지역을 강타할 것이다. 여름철이면 찾아오는 사나운 천둥번개와 폭풍? 더 따뜻하고 더 습한 공기 탓에 더 자주 나타날 것이다. 더 파괴적인 바람과 맹렬한 폭우, 무시무시한 우박도 동반할 것이다.

그렇다면 토네이도 역시 한층 강해진다는 뜻일까? 너무 앞서가지는 말자. 과학자들은 이 문제에 대해 여전히 논쟁 중이다. 토네이도는 상당히 복잡한 과정을 거쳐서 발생하는 것으로 보이기 때문이다. 토네이도는 '대류가능 잠재에너지convective available potential energy', 줄여서 CAPE라고 부르는 힘에 주로 의존하는 자연현상이다.(어렵게 생각하지 말자. 그저 더 따뜻하고, 더 습하고, 덜 안정적인 대기 조건을 어렵게 말한 것에 불과하다. 천둥번개를 동반하는 폭풍이 발생하기에 좋은 조건이라는 뜻이다.) 그런데 토네이도가 생기려면 또 다른 요인이 필요하다. 그것은 바로 바람이 소용돌이치며 솟구치는 (풍속과 방향이 수직적으로 변하는) 윈드시어wind shear다. 이른바 토네이도 길목이란 주로 늦봄에 이와 같은 요인들이 복합적으로 작용하는 (토네이도가 텍사스와 오클라호마, 캔자스, 네브래스카, 사우스다코타 등지를 북쪽에서 남쪽으로 넓고 길게 할퀴며 가로지르는) 지역을 가리킨다.

기후변화는 토네이도 빈발 지역에서 CAPE는 증가시키되 윈드시어는 감소시키는 요인으로 작용할 가능성이 있다. 이런 시나리오에서는 토네이도의 활동성이 거의 변화가 없거나 아예 변화가 없을 수도 있다. 그러나 일부 전문가들은 CAPE가 증가하는 경우 윈드시어에 어떤 변화가 생겨도 그 변화의 영향력을 압도할 수 있으며, 그 결과 훨씬 강력해진 토네이도를 만들어낼 것이라고 주장한다. 이 말은 2013년 5월 오클라호마시티에서 10여 명의 목숨을 앗아간 토네이도처럼 F4와 F5(토네이도 강도를 나타내는 후지타 스케일에서 최상위 두 등급)에 해당하는 거대한 토네이도가 앞으로 더 많이 발생할 수 있다는 뜻이다.[7] 하지만 이 주장은 상당한 개연성을 엿볼 수는 있어도 우리 시대 과학적 이해의 범주에서 아직은 추측의 영역에 가깝다.

온실 속의 폭풍

　　우리가 치명적인 폭풍이라는 주제를 다루는 만큼, 이참에 폭풍 가운데 가장 치명적인 허리케인은 어떨지 살펴보자. 허리케인에 대해서도 과학계 내부에 논쟁이 있다. 이론상 상쇄효과가 예상되는 요인들이 복합적으로 작용하기 때문이다. 첫 번째 요인은 바다의 온도 상승이다. 제반 사정을 두루 고려할 때, 따뜻한 바다는 더 강력한 허리케인과 슈퍼태풍을 만들어낼 가능성이 높다. 폭풍에 힘을 보탤 수 있는 에너지가 (따뜻하고 습한 공기의 형태로) 더 많기 때문이다. 이 말은 더 많은 카트리나와 더 많은 태풍이 도시를 덮친다는 의미다.

　두 번째 요인은 윈드시어다. 이번에는 윈드시어가 실제로 '나쁜' 역할을 수행한다. 윈드시어는 실린더 모양으로 수직적인 허리케인의 구조를 비스듬히 기울게 만들어 그 힘을 약화시킨다. 허리케인을 지표면에서 밀어붙이는 힘과 높은 고도에서 밀어붙이는 힘이 서로 다르기 때문이다. 그런데 윈드시어는 (적도 부근 태평양의 중심부와 동쪽 바닷물의 온도가 몇 년에 한 번씩 상승하면서 나머지 전 세계 여러 지역의 기후에 충격을 가하는) 엘니뇨 현상의 영향을 받는다. 예를 들어, 엘니뇨가 찾아온 몇 년 동안에는 대서양에서 열대성 폭풍이 줄어드는 경향을 보이는데, 이때는 카리브 해와 열대 대서양의 윈드시어가 평소보다 강한 시기다. 반대로 라니냐 기간에는 열대폭풍이 더 많이 발생하는 경향이 있다.

　만약 기후변화가 (이를테면, 열대 대서양에서) 윈드시어의 세기를 증가시킨다면, 그만큼 열대폭풍이나 허리케인이 발생하기에 부적합한 조건이 될 것이다. 이에 따라 한 가지 가능한 시나리오는 더욱 엘니뇨스러운 미래다.(대다수 기후모형들이 이렇게 예상하고 있지만, 오류라는 주장이 설득력을 얻는 중이다.)[8] 구체적으로 말해서, 열대 대서양에 더 많은 윈드시어가 발생해 열대폭풍이 줄어들 것이라는 주장이다. 그러나 더 따뜻한 바다가 잉태해서 먹여 키운 폭풍들은 훨씬 강력한 힘을 자랑할 가능성이 높다. 실제로 이 분야의 일부 석학들은 세상이 따뜻해질수록 폭풍의 발생 빈도와 위력이 동시에 증가할 것이라고 주장해왔다.[9]

이처럼 허리케인 문제도 불확실성이 존재하는 영역이다. 그렇다고 해서 우리가 '전부를 알지 못하므로 아무것도 모른다'는 오류에 빠질 필요는 없다. 사실 기후변화가 어느 특정한 폭풍 하나를 정말로 '야기'했는지 묻

는 것처럼 과학자들이 짜증내는 질문도 없다. 잘못된 질문이기 때문이다. 2001년에 배리 본즈가 때린 홈런 73방 가운데 어느 홈런이 스테로이드 복용 덕분이냐고 묻는 것과 다를 바 없는 질문이다. 이런 식의 질문이야말로 담배업계가 수백만 명의 목숨을 앗아간 어느 제품에 대해 책임을 회피하려고 만들어낸 '도망갈 구멍'이자, 환경을 오염시키는 이익집단들이 화석연료를 태워서 우리 지구에 상처를 입혔다는 비난을 모면하려고 꺼내든 회심의 카드였다.

도망갈 구멍은 없다

물론 우리는 기후변화가 특정 폭염, 홍수, 폭풍을 '야기'했다고 콕 집어서 말할 수 없다. 폭염이나 홍수, 폭풍은 어떤 식으로든 발생할 기회가 늘 존재하는 자연현상이기 때문이다. 그럼에도 불구하고 기후변화가 이런 현상들을 더 자주 발생하게 만드는 것만큼은 거의 확실하다. 기상이변의 발생 빈도가 기후변화 탓에 증가한다는 것은 흡연자들의 폐암 발병률이 증가하거나 스테로이드를 복용한 야구선수의 홈런 개수가 증가하는 것과 같은 이치다.

게다가 각각의 현상들은 기후변화의 영향을 받기 전과 비교할 때 '더욱' 극단적이고 '더욱' 파괴적인 양상을 확연히 드러내고 있다.[10] 2012년에 미국 동부를 강타한 슈퍼폭풍 샌디를 떠올려보자. 아무리 낮춰 잡아도, 중부 대서양 연안에서 해수면이 약 1피트(30센티미터) 상승한다는 것은 12피트(3.6미터)가 아니라 14피트(4.3미터)짜리 폭풍해일이 뉴욕 맨해튼의 배터리파크를 덮친다는 뜻이다. 1피트라는 상승 폭이 미미하게 느껴질 수도 있겠지만, 이 정도만으로도 뉴욕부터 뉴저지에 이르는 해안지역 25평방마일(65평방킬로미터)이 추가로 홍수 피해를 당하고, 이재민 8만 명이 추가로 발생하며,[11] 피해액도 20억 달러가 추가로 늘어난다.[12] 그런데 여기까지는 단순한 해수면 상승에 따른 피해에 불과하다. 샌디가 보여준 (대서양 북쪽에서 발생한 폭풍치고는) 기록적인 강도, 전례 없는 규모, 이례적인 경로 역시 기후변화 탓이라는 사실을 설명하는 대목도 아니다.

다음으로 허리케인 아이린이 있다. 아이린은 기후변화가 야기한 허리케인이 아니었다. 오히려 지극히 평범한 늦여름 대서양 허리케인이었다. 그러나 아이린이 퍼부은 어마어마한 강수량만큼은 전혀 평범하지 않았다. 그 결과로 기록적인 홍수가 발생해 펜실베이니아 동부에서 뉴잉글랜드 북부까지 광범위하게 휩쓸고 지나갔다. 이 홍수는, 적어도 부분적으로는, 대서양 해수표면의 기록적인 온도와 관련지을 수 있다. 아이린이 중부 대서양 연안 앞바다로 밀고 올라올 때, 흡수할 수 있는 습기가 대기 중에 많았고, 이 습기가 결국은 내륙에서 발생한 기록적인 폭우로 이어졌기 때문이다.

그러면 2014~2015년 겨울에 보스턴을 완전히 마비시킨 적설량 108인치(274센티미터)가 넘는 기록적인 폭설은 어떨까? 기후변화 부정론자들이 여러분에게 주입하려 애쓰는 내용과 달리, 이 엄청난 폭설은 기후변화와 '상충'하는 근거가 아니라 기후변화를 '뒷받침'하는 근거다. 일련의 북동풍이 이례적으로 따뜻한 겨울철에 뉴잉글랜드 앞바다를 거치면서 세력을 크게 키운 결과이기 때문이다. 다시 말해서, 지독한 폭설로 바뀔 수 있는 습기가 대기 중에 아주 많았다는 뜻이다.

티핑 포인트: 너무 늦은 걸까?

기후변화가 지금 우리에게, 우리 환경에 미치는 막대한 충격을 확인할 때마다, 문제가 너무도 심각하다는 느낌을 지울 수가 없다. 사람들이 종종 "이젠 너무 늦은 것 아닐까요? 한계점을 이미 지나친 것일까요?" 하고 묻는 것도 납득이 간다. 이 질문에 대한 답변은 "그렇다"가 될 수도 있고, "아니다"가 될 수도 있으며, "아마도"가 될 수도 있다.

티핑 포인트tipping point란 돌이킬 수 없는 순간을 의미한다. 기후변화라는 맥락에서 이 말은 우리가 지구를 지나치게 덥힌 나머지 도저히 멈출

수 없는 길로 접어들고 말았다는 뜻이다. 하지만 기후체계의 티핑 포인트는 하나가 아니라 여럿이다. 그러므로 우리가 화석연료 남용이라는 고속도로를 계속해서 질주한다면, 더 많은 티핑 포인트를 지나치게 될 것이다. 지구의 온도가 공업화 이전 수준에 비해 (CO$_2$ 농도가 450ppm까지 올라가도록 내버려두기만 해도 발생할 가능성이 있는) 화씨 3.6도(섭씨 2도)만 올라가도 우리 기후가 돌이킬 수 없는 위험에 직면하게 된다고 많은 학자들이 단언하고 있다. 상기하는 차원에서 다시 한 번 언급하자면, 이미 우리는 지구의 온도를 화씨 1.5도(섭씨 1도) 정도 상승시켰고, 조만간 화씨 0.9도(섭씨 0.5도)를 더 상승시킬 것으로 예상된다. 앞으로 10년 동안 화석연료를 지금처럼 태울 경우, 위에서 제시한 '위험한 온난화'의 기준점인 화씨 3.6도(섭씨 2도)에 도달할 수 있다.[13]

우리는 적어도 한 가지 핵심적인 티핑 포인트를 이미 지나쳤을지 모른다. 전부는 아니지만 거의 모든 서남극 얼음판이 이제는 우리가 무슨 수를 써도 붕괴를 피할 수 없는 국면으로 접어든 것으로 보인다. 남극해의 온도 상승이 빙붕氷棚의 안정성을 약화시킨 탓에, 앞으로 몇 십 년 뒤면 대륙의 얼음판에서 얼음덩어리氷塊가 마구 떨어져 나와 바다로 떠내려갈 것이다. 그런데 이제는 이런 사태를 막을 수 있는 방도가 전혀 없는 지경에 이르고 말았다. 이 말은 우리가 지금까지 상승시킨 해수면이 다시 10피트(3미터) 이상 높아진다는 뜻이기도 하다.[14]

이런 과정이 1천 년에 걸쳐 서서히 이루어질 수도 있다. 그러나 이보다 빨리 진행될 가능성도 배제할 수 없다. 두 세기일 수도 있고, 한 세기일 수도 있다. 물론 여기에도 상당한 불확실성이 있다. 하지만 우리는 불확실성이 우리 친구가 아니라는 사실을 이미 확인한 바 있다. 얼음판이 녹거나 북극 바다얼음이 사라지는 등의 충격적인 현상들이 우리가 예상한 것보다 훨씬 이른 시점에 나타나고 있다. 우리에게 불확실성이란 여러 가지 측면에서 순풍이 아니라 역풍일 가능성이 높아 보인다.

하지만 우리에겐 회피할 가능성이 아직 남아 있는 티핑 포인트들도 있다. 무엇보다 그린란드 얼음판의 본체를 아직까지는 본격적으로 녹이지 않고 있다. 물론 지금도 녹는 중이긴 하나, 이 얼음판까지 완전히 녹인다면 해수면이 추가로 10피트(3미터) 이상 높아질 것이다. 아울러 해수면을 200피트(60미터)나 높일 수 있는 동남극 얼음판 역시 본격적으로 녹지 않고 있다. 그러나 일부 과학자들은 지구 온도가 화씨 3.6도(섭씨 2도)만 상승해도 이 얼음판 역시 본격적으로 녹기 시작할 것이라고 장담한다.[15]

이 밖에도 수많은 티핑 포인트들이 지뢰처럼 여기저기에 숨어 있을 테지만, 우리는 정확한 지점이 어디인지, 지구 온도가 얼마나 더 상승해야 폭발하는지 알지 못한다. 한마디로, 눈가리개를 뒤집어쓴 채 낭떠러지가 근처에 있다는 경고를 듣고 있는 처지다. 몇 걸음 밖에 낭떠러지가 있을까? 네 걸음? 열 걸음? 우리에게 몇 걸음이 남았건 간에, 최선책은 더 이상 걸음을 내딛지 않고 그 자리에 멈춰 서는 것이다.

휘청거리며 내딛는 우리 발걸음을 지금이라도 멈출 수 있을까? 그럴 수 있다. 다만, 우리가 '또 다른' 티핑 포인트를 경험해야 가능하다. 바로 사회적 인식의 티핑 포인트다. 우리는 화석연료에 끊임없이 의존하는 우리의 낭비적 속성과 클린 에너지 경제로 급격히 이동해야 하는 시급성을 집단적으로 깨달아야 한다. 그리고 "그게 나랑 무슨 상관이야?"라는 질문에 대한 흡족한 대답을 집단적으로 내놓아야 한다.

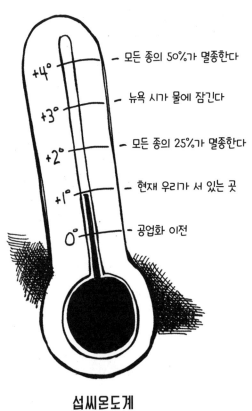

— 모든 종의 50%가 멸종한다

— 뉴욕 시가 물에 잠긴다

— 모든 종의 25%가 멸종한다

— 현재 우리가 서 있는 곳

— 공업화 이전

섭씨온도계

| **3장** |

그게 나랑 무슨 상관이야?

그래서 대체 지구온난화가 우리랑 무슨 상관이란 말인가? 알고 보면, 거의 모든 이유에서 상관이 있다. 기후변화에 대한 사회적 논의에서 가장 안타까운 대목은 기후변화를 본질적으로 위협적이지 않은 현상으로, 그런대로 현상이 유지될 것으로 쉽사리 상상한다는 점이다.

사실 '지구온난화'라는 용어 자체는 어떻게 들으면 유쾌한 기분마저 자아내는 말이다. 햇살 반짝이는 어느 봄날을 떠올리게 하는 뉘앙스다. 한겨울에 어쩌다가 포근한 하루가 찾아오면 꼭 이렇게 말하는 사람들이 있다. "이런 것이 지구온난화라면, 인정하겠어!" 지구온난화를 일상생활에서 무난하게 적응할 수 있는 정도의 변동으로, 온도조절장치의 눈금을 1도나 2도 올리는 정도의 변화로 여기는 태도다. 한마디로, 걱정도 팔자라는 말이다.

상당히 자연스러운 반응일 수 있다. 하지만 불행하게도 완전히 그릇된 반응이기도 하다.

비록 대기 중의 CO_2가 점진적으로 증가하더라도, 이렇게 증가한 결과는 완전히 딴판이다. 사람들은 CO_2 증가의 충격이 확연히 나타나려면 아직 멀었다고 짐작하지만, 그렇지 않다. 지금 이 순간에, 가차 없이 위력을 발휘하고 있다. 북극곰이나 펭귄이 사는 지구 반대편 어느 한쪽 구석에서나 그 결과를 체감할 수 있을 것이라고 생각한다면, 지금 당장 생각을 바꾸어야 한다.

기후변화의 여파는 나타나지 않는 곳이 없다. 그렇다. 아마도 여러분 바로 옆에서, 여러분 자신과 여러분의 가족, 친구, 공동체를 에워싸고 영향을 미치고 있을 것이다. 기후변화라는 유령이 우리 주위를 배회하고 있다. 국가안보와 식량과 물과 땅과 경제와 (우리 또는 우리 지구의) 건강을 좀먹으면서.[1]

기후변화에 서서히 적응할 수 있을 것이라는 꿈은, 혼란과 예측 불가능성이 끝없이 증폭하는 냉엄한 현실로 대체되어야 마땅하다.

기후변화가 미치는 영향을 대관절 어디서 체감할 수 있느냐고? 체감할 수 없는 분야를 찾는 편이 더 어려울 것이다.

국가안보 문제

여러분은 기후변화가 던지는 위협을 깨닫기 위해 윤리나 도덕, 종교, 이타심을 동기로 삼을 필요는 없다. 오히려 국가안보 지상주의자가 되는 편이 나을 수도 있다. 국가안보에 관여하는 사람들의 사전에서 기후변화란 안보 위협을 증폭시키는 최악의 요인을 뜻한다. 기존의 긴장 관계와 분쟁 상황을 가일층 악화시키기 때문이다. 북극해의 얼음이 녹는다는 것은 방어가 필요한 해안선이 새로 생긴다는 뜻이다. 북극지역과 인접한 북아메리카와 유럽, 아시아의 여러 나라들이 석유 시추권을 쟁취하려고 공개적인 경쟁을 벌이게 된다는 뜻이기도 하다. 꽤나 역설적인 대목이 아닐 수 없다.

우리를 이 난장판으로 맨 처음에 밀어 넣은 CO_2의 증가와 석유 시추가 어떤 관계인지 짐작이 갈 것이다. 인구는 점점 늘어가고 식량과 식수, 땅은 점점 줄어드는 상황에서 기후변화는 이 행성에 더 심각한 경쟁을 초래할 것이다. 한마디로, 전 세계적 분쟁이라는 '퍼펙트 스톰'이 발생할 수 있는 완벽한 처방전이다.

이 끔찍한 폭풍은 잘 익어가는 술과 같다. 완성이 머지않았다는 뜻이다. 딱 맞아떨어지는 사례도 있다. 지금 시리아 사람들은 역사상 유례없는 가뭄으로 극심한 고통을 당하고 있다. 그런데 이 가뭄이 기후변화의 악영향으로 그 메마른 정도가 한층 심해지고 말았다. 지독한 가뭄은 정치사회적 불안에 핵심적인 요소로 작용했고, 결국에는 내전으로 이어졌으며, 그 여파로 지금 전 세계가 몸살을 앓고 있다.[2]

분쟁이 전 세계적으로 얼마나 어떻게 증가할지 이해하려면, 기후변화가 잠재적인 분쟁 요인들에 대해 어떤 영향을 어떻게 미칠지 생각해보아야 한다. 그러면 기후변화가 식량과 물, 땅에서부터 인체의 건강, 예민한 생태계 안정성, 나아가 우리 경제에 이르기까지 우리 삶의 '모든' 영역에 어떤 식으로 충격을 가할지 살펴보도록 하자.

식량 문제

　　　　　　　최근 전 세계 인구는 대략 73억 명으로, 꾸준한 증가 추세를 보이고 있다. 금세기 중반에 90억 명, 말엽에는 110억 명에 이를 것으로 전망된다.**3** 유엔세계식량계획WFP에 따르면, 현재 영양실조와 기아에 시달리는 인구가 80만 명이 넘는다.**4** 인구 증가 속도에 보조를 맞춰 식량을 증산하지 않고서는 그 숫자가 늘어날 수밖에 없는 실정이다. 그러나 기후변화는 전 세계 식량 생산량을 '감소'시킬 가능성이 높다.

　열대지방은 기온이 쌀이나 옥수수, 사탕수수 같은 곡물을 재배하기에 최적인 수준에 이미 근접해 있다. 언뜻 좋은 이야기처럼 들릴지 모르겠다. 하지만 실은 아주 나쁜 이야기다. 기온이 조금 더 올라서 생산성 최고점을 넘어서면 수확량이 급감할 수 있다는 뜻이기 때문이다. 가뜩이나 인구가 꾸준히 증가하고 영양결핍까지 만연한 상황에서 곡물 수확량이 급격히 줄어든다는 것은 어떤 의미일까?

　그나마 온대지방은 사정이 나아 보일지 모른다. 곡물이 자라는 기간이 늘어날 가능성이 있고, 위도 상으로 더 높은 지역에서도 곡물을 재배할 수 있을 것이다. 희소식이 아닐 수 없다. 하지만 나쁜 소식도 있다. 고약한 날씨와 한층 파괴적이고 광범위한 산불, 더 길고 더 잦은 가뭄이 늘어난 수확량을 앗아갈 수 있기 때문이다.

　미국의 곡창지대가 기록적인 폭염과 가뭄으로 만신창이가 되었던 2012년 여름을 떠올려보자. 아니면, 미국에서 신선한 농산물 공급의 33%를 담당하는 캘리포니아가 유례없이 이어진 지긋지긋한 가뭄으로 고통받아온 지난 5년을 생각해보자. 밀 생산량의 경우, 2010년만 놓고 보면, 기후와 관련한 요인들 탓에 러시아에서 33%, 우크라이나에서 19%, 캐나다에서 14%, 호주에서 9% 줄었다.[5]

곡물 수확량이 줄면, 가축에게 먹일 사료도 줄어든다. 극심한 무더위는 가축들도 견디기 힘들다. 심지어 가축이 마실 물도 부족해진다. 농부들이나 목장주들이 땅과 가축을 보살필 수 있는 시간도 줄어든다. 실례로, 오클라호마와 텍사스의 목장주들은 2011년에 기록적인 가뭄을 겪으면서 25%의 소를 잃었다.

그래도 우리에겐 아직 넉넉한 해산물이 있지 않은가? 아니다. 그렇지 않다. 북대서양해류 같은 대양의 순환체계를 어지럽힌 탓에 어족자원의

보고인 북대서양의 해양 생산성이 타격을 입은 것으로 보인다. 아울러 우리는 최근 몇 년 사이에 미국 북서부 태평양 연안지역으로 거슬러 올라오던 연어들이 몹시 뜨거운 수온에 떼죽음을 당하는 사태를 목격해왔다.[6] 웨스트코스트 지역에서는 지구온난화의 쌍둥이 형제인 해양산성화로 인해 굴 양식장들의 피해가 막심하다.[7] CO_2 농도의 상승은 남획과 해양 오염처럼 인류가 초래한 골칫거리들로 신음 중인 수산업에 한층 심각한 위협을 가할 것이다.

물 문제

우리 인간은 음식을 먹어야 산다. 그러나 음식을 안 먹어도 몇 주는 버틸 수 있다. 그런데 물을 안 마시면 며칠밖에 못 산다. 기후변화란 물이 줄어들어 (전 세계 곳곳에서 식수 부족 사태를 겪으면서) 계속 늘어나는 지구촌 인구의 집단적 갈증을 해소하기 어렵게 된다는 뜻이기도 하다.

따뜻해진 지구에서 제트기류가 극지 쪽으로 이동하면, 아열대의 반건조 기후가 중위도 지역까지 영역을 넓히게 된다. 그런데 이와 같은 변화는 다른 변화에 의해 균형을 이루는 것처럼 보일 수 있다. 아한대 지역에 비나 눈이 더 많이 내릴 것도 같고, 열대수렴대intertropical convergence zone로 불리는(기후를 전공한 샌님들이 ITCZ라고 부르는) 적도 부근 상승기류 지대의 열대지방 중심부는 따뜻해진 대기가 더 많은 비를 뿌려 물이 풍족해질 것도 같기 때문이다. 제로섬 게임처럼 들릴 법하다. 넘쳐나는 곳에서 부족한 곳으로 물을 옮기면 해결되는 문제 아닐까? 글쎄, 물만 옮겨서 해결 가능한 문제라면, 도전해볼 만할 것이다. 그러나 사회기반시설에의 대규모 투자가 선행되어야만 가능하므로 지극히 어렵고 값비싼 도전이 될 것이다. 이런 상황을 두고 '호미로 막을 것을(이 경우엔, 온실가스 배출량을 진즉에 줄였으면 되는 것을) 가래로 막는다'는 속담이 생겼으리라.

복잡한 문제는 또 있다. 폭포가 더 많이 생긴다고 해서 땅이 축축해진다는 뜻이 아니기 때문이다. 따뜻해진 토양과 식물은 더 많은 습기를 땅에서 대기로 증발시킨다. 캘리포니아의 최근 가뭄은 해당 지역이 최고 기온을 기록한 해(2014년)와 일치한다. 이는 우연이 아니다.

반건조지대인 미국 서부의 경우, 줄어드는 급수량과 늘어나는 인구의 정면충돌이 불가피한 상황이다. 몇 가지 차선책이 존재하는 것만큼은 분명하다. 해안지역의 경우, 해수의 담수화가 대규모로 진행 중이다. 물론 이런 해법은 많은 비용이 들어간다. 로스앤젤레스와 샌프란시스코를 말라붙게 만든다면 훨씬 더 값비싼 대가를 치러야 할 것이다. 라스베이거스나 피닉스 같은 내륙 도시들은 사정이 더 나쁘다. 눈 덮인 들판을 젖줄 삼아 미국 서부 전역에 생활용수 및 농업용수를 공급하는 강과 시내의 유량이 점차 줄어들고 있다. 이런 현상을 지켜보면 암담한 기분마저 든다. 심지어 포틀랜드와 시애틀, 밴쿠버 등 대도시가 들어선, 비교적 덜 말라붙은 북서부 태평양 연안조차 물 부족에 취약한 모습을 보이고 있다. 역시 심각한 수자원 압박에 직면하기 시작한 것이다.

산악지대 빙하와 설원에서 녹아내린 물이야말로 전 세계 건조/반건조지대의 주요 담수원이다. 어니스트 헤밍웨이의 '킬리만자로의 눈'(과학적으로 더 정확히 말하자면 킬리만자로의 빙원氷原)이 사라졌다는 것은 아프리카 동부 적도지방 사람들이 1년 내내 담수를 공급받는 중요한 원천을 잃어버렸다는 뜻이다. 히말라야 빙하에서 녹은 물은 갠지스 강, 인더스 강, 메콩 강, 양쯔 강, 황하를 살찌워 중국, 인도 등 아시아 여러 나라의 막대한 인구를 위한 식수 및 농업용수를 공급한다. 우리가 히말라야 빙하를 잃어버린다면, 10억이 넘는 인구를 책임지는 핵심 담수원이 결정적 타격을 입게 된다는 의미다. 이 밖에도 전 세계 많은 지역에서 비슷한 위기에 처할 가능성이 높다.

다음으로 지하수와 대수층帶水層을 살펴보자. 반건조지대에서 식수의 40%를 충당하고 농업용수로 널리 쓰이는 물이다. 미국 대평원 아래쪽에 위치한 오갈랄라 대수층은 지구에서 가장 커다란 대수층 가운데 하나로, 그 면적이 20만 평방마일(32만 2,000평방킬로미터)에 이른다. 이 대수층은 미국에서 농업용수로 쓰이는 지하수의 33% 정도를 차지하고, 주변지역에 거주하는 200만 명에게 식수를 공급한다. 불행히도 (많은 대수층이 그렇듯) 오갈랄라 대수층 역시 사람으로 치면 시한부 선고를 받은 중환자와 다를 바 없다. 10년에 몇 퍼센트씩 줄어들고 있기 때문이다. 지금까지 총 감소량이 콜로라도를 흐르는 18줄기 강물의 연간 유량을 초과할 정도여서, 2028년이 오기 전에 완전히 말라붙을 것으로 추정하는 학자들도 있다.[8]

일반적으로 대수층은 가장 최근 빙하기가 끝나면서 녹은 물이 고인 것이다. 한번 고갈되고 나면, (매년 0.1인치[0.254센티미터] 정도에 달하는) 빗물로 자연히 보충되기까지 6천 년 이상 걸릴 것이다.

식량과 물, 에너지의 상호연관성

이제 식량과 물, 에너지는 불가분하게 연결되어 있다. 우리가 이 가운데 한 가지 요소에 대해 어떤 선택을 내리면 나머지 요소들이 심대한 영향을 받는 상호연관성nexus을 지닌다는 의미다.

반건조지대인 텍사스 고원에 식수를 공급하는 오갈랄라 대수층 이야기를 이어가보자. 이 대수층에서 빼낸 물은 곡물 재배를 위한 농업용수로 쓰일 뿐 아니라 수압파쇄법(줄여서 '프래킹')에도 활용된다. 프래킹fracking이란 암반에 갇혀 있는 셰일가스 또는 석유를 시추하기 위해 땅속에 구멍을 내고 화학물질 등이 섞인 물을 강하게 쏘아 넣어 암반을 파쇄하는 기술이다. 이 기술은 몇 가지 측면에서 문제의 소지가 있다. 첫째, 이런 용도로 대수층의 물을 활용하는 경우, 어떤 마을에서는 주민들이 급수차로 식수를 확보하는 값비싼 방법을 선택할 수밖에 없다. 농업 및 화석연료 이익집단들이 줄어드는 가용 지하수를 놓고 치열하게 경쟁하기 때문이다. 엎친 데 덮친 격으로, 프래킹에 쓰이는 여러 가지 독성 화학물질이 지하수를 오염시킬 가능성도 있다.

이참에 논란이 뜨거운 키스톤XL 송유관 사업도 함께 생각해보자. 이 사업은 캐나다 앨버타 주 애서배스카의 타르샌드에서 저품질 중유(비튜멘)를 추출해 미국 대평원을 거쳐 세계 시장에 내다 팔겠다는 구상이다. 문제는 이 송유관이 오갈랄라 대수층 위쪽 넓은 지역을 가로지른다는 점이다. 만에 하나 송유관에서 기름이 유출된다면, 이 중요한 급수원을 오염시킬 가능성이 높다. 해당 사업에 대한 승인을 오바마 행정부가 거부해서 제동이 걸리긴 했지만, 앞으로 이 사업 또는 유사한 사업이 또다시 추진되지 말라는 법은 없다.(저자가 우려한 대로, 도널드 트럼프 신임 미국 대통령이 2017년 1월 해당 사업의 재개를 승인하는 행정명령에 서명했다.)

물을 필요로 하는 에너지원도 있다. 물은 수력 및 열수熱水를 활용해서 전기를 생산할 때 없어선 안 되는 요소다. 냉각수를 반드시 필요로 하는 원자력발전소 역시 차가운 물이 지속적으로 흐르는 입지 조건을 선호한다. 원자력발전소들이 대개 강 근처에 자리 잡는 이유가 여기에 있다.(일례로, 1979년에 원전 사고가 터진 곳으로 유명한 스리마일 섬은 서스케하나 강에 있다.) 바로 이 지점에서 기후변화가 원자력발전소의 안전을 위협하는 요인이 된다. 지구온난화로 인해 강물의 유량이 줄어들거나 이따금 말라붙는 현상이 발생할 수 있기 때문이다.[9]

석탄을 태우는 발전소를 식힐 때에도 강물이 필요하다. 석탄을 지속적으로 태우는 행위는, 당연히, 기후변화를 야기하는 실질적 요인이다. 그런데 기후변화는, 우리가 익히 알고 있듯이, 많은 지역에서 강물의 유량을 감소시키고 있다. 화력발전이 화력발전소의 안정적 가동에 걸림돌로 작용하는 역설적인 상황이다. 어쩌면 우리는 이 대목에서 기후가 안정을 되찾는 '음성' 피드백(안정화 피드백)의 대표적 사례 한 가지를 얻은 것은 아닐까?

이번에는 넥서스를 구성하는 또 다른 요소, 식량에 대해 살펴보자. 인류가 농경과 목축에 활용할 수 있는 땅의 면적은 명백히 제한적이다. 지금 우리는 지구 전체 땅 면적의 절반 정도를 식량 생산 용도로 할애하고 있다. 남아 있는 비옥한 땅도 농경지로 빠르게 바뀌는 중이다. 따라서 우리가 지팽이풀 같은 바이오연료용 식물을 키우는 데 경작지를 활용한다면, 농산물을 에너지와 맞바꾸는 셈이다. 이와 같은 전환행위의 문제점은 우리가 (기아와 영양결핍으로 고통받는 지구촌 각지의 사람들에게 식량으로 공급할 수 있는) 옥수수 같은 곡물을 재배해서 연료(에탄올)를 얻으려고 할 때 한층 명확히 드러난다. '사람이 먹을 것으로 에너지를 만드는' 행위는 윤리적으로 아주 위험한 길을 걷는 일인데도, 우리는 앞뒤 안 가리고 그 길을 따라 나아가는 중이다. 우리는 식량–물–에너지 넥서스의 구성 요소 간 상호전환에서, 비유적으로 혹은 문자 그대로, 거저먹을 수 있는 것은 없다는 사실을 명심해야 한다.

땅 문제

앞서 우리는 물과 식량, 에너지를 향한 우리의 다양한 욕구를 충족시키기 위해 땅을 활용하는 과정에서 전환행위가 어떤 식으로 이루어지는지 살펴보았다. 증가하는 인구의 식량 수요를 충족하려면, 농업과 목축업이 가능한 땅을 새로 찾아야 한다. 아울러 늘어난 인구가 주거할 땅도 필요하다. 이와 같은 목적이 대규모 삼림벌채를 추동하는 강력한 압박으로 작용하고 있다. 숲의 파괴는 그 자체로 탄소 배출량의 증가에 상당한 영향을 미치고, 나아가 기후변화의 규모를 증폭시킨다. 또 다른 피드백 회로가 작동하는 것이다!

기후변화가 야기하는 문제는 여기서 그치지 않는다. 기후변화 탓에 사람이 주거할 수 있는 면적이 줄어들고 있기 때문이다. 특히 인구 밀집지역에서 문제가 심각하다. 지구촌 인구의 33%가 해안선에서 60마일(100킬로미터) 이내에 살고 있다. 해당 지역 사람들 가운데 대략 10%는 해발 30피트(9미터)가 안 되는 땅에서 산다. 우려스러운 현실이 아닐 수 없다. 바닷가 저지대 주민들이 해수면 상승과 한층 강력한 허리케인의 복합적 위협에 그대로 노출되어 있다는 뜻이기 때문이다.

미국에서 기록된 가장 높은 폭풍해일은 2005년 8월 F5 등급의 카트리나가 찾아왔을 때 관측되었다. 카트리나는 기록상 가장 파괴적인 대서양 허리케인 철에 발생한, 기록상 가장 강력한 허리케인 가운데 하나로 남아 있다. 미시시피 주에 있는 패스크리스천이라는 마을에서는 28피트(8.5미터)에 조금 못 미치는 폭풍해일이 등장하기도 했다. 해수면이 (몇 년 안에 예상되듯이) 2피트만 높았으면 30피트(9미터)짜리 폭풍해일을 경험했을지 모른다. 계측 결과에 따르면, '이미' 많은 지역이 30피트가 넘는 폭풍해일의 사정권 안에 들어 있다. 일례로, 뉴욕 시에 있는 존 F. 케네디 국제공항 부근에 F4 등급 허리케인이 상륙할 경우, 폭풍해일의 최고점이 이론상으로 34피트(10미터)에 이를 것으로 예상된다.[10]

해수면이 (2100년까지 6피트[2미터], 한 세기 뒤에는 그보다 훨씬 더 높이 올라갈 것이라는) 예상대로 상승하고 허리케인이 한층 강력해진다면? 그렇게 만들어진 폭풍해일은 그야말로 (말장난 같아서 미안하지만) '퍼펙트 스톰'처럼 우리를 덮칠 것이다. 우리는 슈퍼폭풍 샌디를 겪었다. 그러나 샌디 같은 허리케인이 한 세기에 한 번으로 그치지 않을 것이다. 따뜻해진 바다에서 에너지를 충전하고 해수면 상승으로 몸집을 키운 샌디 같은 허리케인이 몇 년에 한 번씩 뉴욕 시를 강타할 것이다.[11] 뉴욕 시장이 다가오는 (기후변화라는) 폭풍의 경로에 변화를 가하기 위한 방법을 찾으려고 위원회를 출범시킨 것은 어쩌면 지당한 처사라고 할 수 있겠다.

미국은 안전에 취약한 해안지역에 많은 주민들이 살기로 전 세계 10위권 안에 드는 나라다. 여기에는 중국, 인도, 방글라데시, 베트남, 인도네시아, 일본, 이집트, 태국, 필리핀 같은 나라들이 이름을 올리고 있다. 저지대 해안지역의 환경이 계속 악화하면, 이곳에 사는 무수한 주민들, 특히 형편이 넉넉지 않은 사람들이 삶의 터전을 새로이 찾아야 하는 막막한 상황에 처할 수밖에 없다.

인구 이동의 추이를 보면, 전망은 한층 어두워진다. 미국 내 메가시티 (이 책에서는 인구 500만 명이 넘는 도시) 가운데 3분의 2가, 적어도 부분적으로는, 이처럼 낮은 지대에 자리 잡고 있다. 그리고 점점 더 많은 인구가 이런 도시들로 몰려들고 있다.

아프리카의 사헬 같은 지역의 경우, 기후와 관련한 이유들 탓에 사람이 살기 어려운 땅으로 변하고 있다. 사헬은 주민 1억 명 가운데 8천만 명이 빗물에 의지해 목숨을 부지하는 곳이다. 하지만 가뭄은 끝이 없고 비는 언제 얼마나 내릴지 알 수 없다 보니, 곡물을 재배하거나 가축을 키우기 어려운 지역으로 전락했다. 주민들은 자기 땅을 포기하고 조금 더 나은 땅을 찾아서 고향을 떠날 수밖에 없다.[12]

이러한 현상에 붙이는 이름이 있다. 바로 '환경 망명environmental refugeeism'이다. 환경 망명자들과 원주민들이 땅 문제로 충돌하는 분쟁이야말로 안보 전문가들이 향후 지구촌에 심각한 갈등을 야기할 것으로 우려하는 매우 강력하고도 복합적인 요인이다.[13]

건강 문제

2030년이면 기후변화로 인한 연간 사망자가 전 세계적으로 70만 명에 이를 것이다.[14] 비교하자면, 최근 매년 44만 3,000명이 흡연 또는 간접흡연으로 조기에 사망한다. 더 많은 목숨을 그동안 앗아갔고 앞으로도 앗아갈 것이라는 관점에서, 인류가 야기한 기후변화의 충격을 부정하기 위한 캠페인에 관련 업계가 돈을 대는 행위는 담배의 해로움을 부정하기 위한 담배업계의 캠페인보다 훨씬 중한 비인도적 범죄라고 주장할 수 있을 것이다.

영양결핍으로 목숨을 잃는 사람들이 1년에 700만 명이 넘는다. 그중 상당수는 어린이다. 깨끗한 식수가 부족한 탓에 설사나 수인성 질병 같은 합병증으로 숨지는 사람들도 1년에 200만 명이 넘는다. 역시 상당수는 아이들이다. 기후변화가 식량과 물에 악영향을 미치면 사망자 수는 더 늘어날 것이다. 보건체계가 허약한 개발도상국들로서는 이런 문제에 대처할 능력이 부족하기 때문이다.

더 따뜻해진 지구란 더 극단적이고 위험한 폭염, 그리고 열사병과 탈진으로 인한 사망자 수의 증가를 의미한다. 미국의 경우, 지난 반세기 동안 기록적으로 높은 온도를 보이는 날수가 두 배로 늘었고, 그 결과 막대한 피해를 입었다. 1988년 시카고 폭염으로 숨진 사람들 가운데 상당수가 무더위에 가장 취약한 노인과 영유아였다. 다행히 에어컨을 설치한 가정과 건물, 차량이 크게 늘어난 덕분에 적어도 미국 사람들은 지독한 열기의 충격파로부터 어느 정도 보호를 받았다. 그 결과, 폭염과 관련한 합병증으로 인한 사망자 수가 연간 1천 명 이하로 줄어들었다.(그러나, 당연하게도, 에어컨은 전기를 대량으로 소모한다는 부정적 측면이 있다. 화석연료를 더 많이 태워야 한다는 뜻이다.)

반면, 인프라가 덜 갖춰진 다른 나라들은 미국에 비해 사정이 나쁘다. 2003년 유럽에 기록적인 폭염이 닥쳐서 7만 명의 목숨을 앗아갔고, 2010년 러시아에서는 5만 6,000명이 숨졌다. 2015년 인도와 파키스탄에서도 폭염으로 수천 명이 사망한 것으로 알려졌다. 노약자, 어린이, 실외 노동자, 대피소 접근성이 떨어지는 사람들이 폭염 피해에 가장 취약했다.

다음으로 더 강력하고 파괴적인 열대폭풍의 충격을 빼놓을 수 없다. 2013년 11월 태풍 하이옌이 역사상 가장 강력한 열대성 저기압으로 발달해서 육지에 상륙했다.[15] 기후변화의 영향을 부인할 수 없는 기록적인 해수 온도에 의해 기세가 등등해진 태풍이었다. 앞서 언급했듯이, 하이옌이 할퀴고 지나가면서 1만여 명이 숨졌다. 2005년 대서양의 허리케인 철 역시 기록적이었다. 이례적으로 따뜻한 대서양 수온이 허리케인의 힘을 키웠다. 그 결과, 무려 28가지 이름이 붙은 폭풍들과 F4 등급의 기록적인 폭풍이 5개나 발생했다. 이 가운데 하나가 카트리나인데, 뉴올리언스에 상륙해서 많은 지역을 초토화시켰다. 그해 한 철에 발생한 사망자 수가 도합 4,000명에 이를 정도였다.

일련의 기상이변을 바라보면서 서로 무관한 사건들이 무작위로 나타난 것이라고 여기는 사람도 있을 것이다. 하지만 그렇지 않다. 2010년 러시아를 괴롭힌 폭염과 가뭄, 대형 산불의 원인은 동남아시아와 인도에 유례없이 강력한 몬순과 여러 차례의 홍수를 발생시킨 바로 그 이례적인 대기 유형이었다. 파키스탄은 피해가 특히 심해서 사망자가 1,600명, 이재민이 200만 명에 달했다. 이와 같은 대기 유형은 따뜻해진 바다에 힘입었을 가능성이 높다.[16]

사실 더 파괴적인 홍수와 더 잦고 광범위한 산불, 더 오랜 폭염과 가뭄은 기후변화가 제트기류에 충격을 가한 결과일 가능성이 높다. 실제로 북극지방의 온난화가 북반구 제트기류의 활동력을 감소시켜 한자리에 몇 주 동안 꼼짝 않고 버티게 만들 수 있다는 연구 결과가 있다. 우리가 최근 몇 년 동안 겪어온 더 지속적이고 이례적인 기상이변의 원인을 제트기류의 약화에서 찾을 수 있다는 뜻이다.[17]

기후변화는 재해로 인한 인명 피해에 더해서 전염병을 확산시키기도 한다. 지구가 계속 따뜻해진다면 뎅기열이나 말라리아 같은 전염성 질병이 온대지방으로 퍼질 것이다. 실제로 1998년에 기록적인 더위를 겪은 뉴욕 시에서 나일 강 서부의 바이러스가 처음 발견되었다. 아울러 미국 서부에서는 (유행성 출혈열을 일으키는) 한타바이러스가 북쪽으로 퍼지는 위험한 현상이 나타나고 있다.

다음으로 대기 오염이나 알레르기, 천식 같은 문제도 있다. 대기 중 CO_2 농도가 상승할수록 돼지풀 같은 잡초의 성장에 이로운 환경이 조성

된다. 돼지풀의 꽃가루는 알레르기를 유발하고 천식을 악화시키는 것으로 알려져 있다. 기온이 올라가면 오존 스모그가 자주 일어나서 역시 천식을 악화시킨다. 지구온난화가 이어진 최근 몇 십 년 사이에 꽃가루 알레르기 및 천식 질환자 숫자가 증가 추세를 보여온 것은 이 때문이다.

생태계 문제

이번 순서의 주인공은 북극곰과 펭귄이다. 환경 피해를 상징하는 존재들이기 때문이다. 북극곰과 황제펭귄이 없는 세상, 만년설로 뒤덮인 킬리만자로나 그레이트 배리어 리프가 없는 세상이란, 장엄하고도 경이로운 면모를 상당 부분 잃어버린 세상일 것이다. 여러분은 그런 세상을 우리 아이들, 손주들, 그 후손들에게 물려주고 싶은가?

멸종 위기에 처한 생명체가 북극곰이나 펭귄만은 아니다. 기후변화는 (그리고 CO_2 수치 상승으로 인한 해양산성화는) 6차 대멸종을 예고하고 있다. 이는 지질학 역사에서 중대한 사건으로 기록될 것이 분명하다.

기후변화 부정론자들은 CO_2 농도가 공룡들이 울부짖던 시대에 더 높았고 당시에도 생명체가 번성했다는 사실을 들어 반박할 것이다. 실제로 이런 식의 주장이 다양한 형태로 변주되고 있다. 예컨대, 조지 W. 부시 대통령 시절 나사NASA 국장이었던 마이클 그리핀은 "우리가 오늘날 여기서 누리고 있는 이 기후가 (…) 다른 모든 인류에게도 최적의 기후"라고 누군가 확신한다면 "오만한 발상"일 것이라고 단언한 적이 있다.[18]

물론 둔감하기 짝이 없는 주장들이다. 위험한 것은 따뜻함 그 자체가

아니라 따뜻해지는 '속도'다. 동물과 식물은 수백만 년이라는 오랜 세월에 걸쳐 서식지를 옮긴다. 산호초의 경우, 바다가 따뜻해지거나 차가워지면 극지 또는 적도 방향으로 서서히 이동하기도 한다. 아울러 산호초나 굴처럼 껍질을 만드는 생물들은 대기 중 CO_2 농도가 점진적으로 변화하는 한, 위험에 처하지 않는다. 대기 중 CO_2의 완만한 증가는 급격한 해양 산성화를 야기하지 않기 때문이다.

동물들은 진화도 가능하다. 수십만 년 전에 북극지방의 만년설이 확장하면서 갈색곰이 북극곰으로 진화한 것처럼 말이다. 이처럼 앞으로도 새로운 종이 탄생할 수 있겠지만, 그 속도가 멸종 속도를 상쇄할 가능성은 희박하다. 우리는 6차 대멸종의 시대가 '이미' 도래해서 지구를 피폐하게 만드는 중이라는 사실을 직시해야 한다. 새로운 종의 시대는, 혹여 그런 시대가 오기나 한다면, 100만 년 뒤에나 기대해야 할 것이다.

우리는 지금 식물과 동물에게 이동할 것을 요구하고 있다. 도시나 고속도로 같은 낯선 장애물로, 그것도 전례 없는 속도로 그들의 통로를 차단하면서 말이다. 하지만 북극곰은 북극해 바다얼음이 사라지면 더 이상 북쪽으로 올라갈 방도를 찾지 못할 것이다. 로키 산맥 수목한계선에 사는 새앙토끼는 서식지가 관목지대로 바뀌면서 보금자리를 빼앗길 것이다. 열대지방 운무림에 서식하는 개구리들은 지구온난화가 문자 그대로

구름 밑면을 산꼭대기 위로 들어 올리는 탓에 갈 곳을 잃게 될 것이다.

　온도와 강수량의 계절적 순환에 변화가 일어나면서 애벌레가 알에서 나오고 새들이 날아드는 시점이 바뀌면, 먹이사슬 전체가 교란되는 위기에 처할 수 있다. 식물과 동물의 습성에는 상당한 수준의 탄력성이 있지만, 변화가 급격히 일어날 경우 고유의 적응력으로 도저히 극복하지 못할 가능성, 다시 말해 인류가 지구 역사상 가장 파괴적인 멸종 사태의 주범으로 전락할 가능성이 높아진다.

경제적 문제

　　　　비평가들은 기후변화를 막기 위한 노력에 '너무 많은 비용'이 들어갈 것이라고 주장하곤 한다. 그러나 진실은 정반대다. 기후변화를 막으려고 어떤 식으로든 행동에 나서지 않으면, 결국 엄청난 대가를 치러야 할 것이다. 우리는 기후변화가 식량, 물, 땅, 에너지, 인류와 생태계 건강 등 우리 삶에 어떤 피해와 충격을 미칠지 살핀 바 있다.

　유일무이한 생태계를 잃어버리는 비용을 무슨 수로 헤아릴 수 있을까? 북극곰에게 어느 정도 금액의 가격표를 붙일 수 있을까? 그레이트 배리어 리프의 상실을 어떻게 돈으로 환산할 수 있을까?

　생명이 숨 쉬는 지구의 가치는 그것을 대체하는 데 들어가는 비용으로 산정할 수 있다. 그런데 우리는 생명이 살아갈 수 있는 또 다른 행성을 아직 발견하지 못했다. 지구의 대체비용이 무한대라는 뜻이다. 따라서 기후변화에 의한 피해를 비용으로 환산할 경우, 지구의 대체비용이라는 그

참된 가치를 훼손하는 셈이다. 화석연료에 지금처럼 의존한다는 것은 이른바 외부효과라고 부르는 수많은 '숨은 비용'이 발생한다는 의미다. 이는 현행 시장경제의 셈법으로 반영되지 않는(탄소가격제가 아니면 반영할 길이 없는) 인류와 환경이 당하게 될 피해라고 할 수 있다.

2010년 4월 딥워터 호라이즌 호 기름 유출 사건으로 걸프 만이 어마어마한 피해를 입었다. 우리는 이 사건이 야기한 환경 피해의 범위를 이제야 겨우 깨닫기 시작했다. 프래킹에 쓰이는 화학물질이 지하수로 흘러들어 식수 공급과 건강을 위태롭게 만들 가능성도 있다. 산 속에 묻힌 석탄을 캐려고 산꼭대기와 그 주변 환경을 몽땅 파괴하기도 한다.

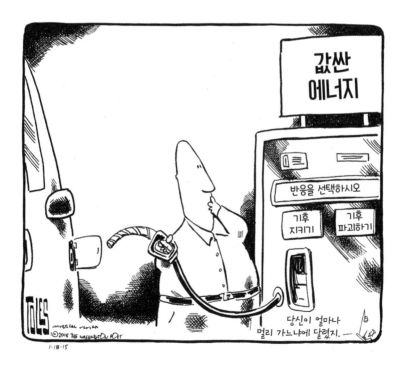

아울러 우리가 중동 같은 위험지역에서 석유를 계속 공급받으려고 해외에서 치르는 전쟁을 잊어선 안 된다. 이런 전쟁은 미국 정부가 여러분과 우리, 즉 납세자들의 양해를 얻어 화석연료산업에 제공하는 1,000억 달러짜리 보조금으로 여겨야 마땅하다.

따라서 '그 어떤' 추정치도 너무 낮을 수밖에 없다는 전제 아래 몇 가지 사례를 살펴보도록 하자.

지구온난화는 해안지역과 도시, 가정, 개인을 붕괴시킨다. 기후변화로 인해 한층 극단적으로 치닫는 기상이변의 피해액이 미국에서만 1년에 수십억 달러에 이른다. 미국은 1980년 이후로 날씨 내지 기후가 원인으로 작용한 (가뭄, 홍수, 토네이도, 허리케인, 산불 등의) 재난을 170차례 이상 당해왔고, 재난이 발생할 때마다 평균 10억 달러가 넘는 손실을 기록했다. 따라서 총 피해액은 1조 달러를 훌쩍 뛰어넘는다.[19] 전 세계적으로는, 2013년이 최악이었다. 극단적인 기상이변으로 억 단위 피해를 일으킨 재난만 41차례나 발생하는 기록을 세웠고, 슈퍼폭풍 샌디 하나만으로도 65억 달러의 피해를 당했다. 기후변화가 원인으로 작용한 여타 충격을 무시하더라도, 지구적 해수면 상승이라는 이론의 여지가 없는 악화 요인 하나만으로도 샌디에 의한 피해액이 20억 달러나 추가로 늘어났다.[20]

기후변화가 직접적으로 영향을 미친 보건 관련 비용만 따져도 엄청나다. 전염병, 열사병 및 탈진, 그 밖에 여러 가지 질병이 지구온난화로 인해 널리 퍼지는 탓에 향후 15년 동안 매년 40억 달러가량의 비용이 추가로 발생할 것으로 예상된다. 질병으로 인한 결근 등으로 우리 경제에 미치는 2차 악영향까지 감안한다면 그 비용은 훨씬 더 커질 것이다.

캘리포니아의 기온이 포도를 재배하기에 적당한 수준 이상으로 올라가면, 와인업계가 막대한 피해를 입으면서 산업 규모가 금세기 말까지 70%나 줄어들 가능성이 있다. 시에라네바다나 로키 산맥 등 겨울 스포츠로 유명한 지역의 경우, 설원이 자꾸 줄어서 울상이다. 120억 달러 규모의 미국 스키산업은 이미 10억 달러가 넘는 손해를 보고 있다.[21]

이러저러한 방식으로 기후변화와 관련이 있는 극단적인 날씨가 맹공격을 퍼붓고 있다. 2012년 여름 북아메리카에 들이닥친 가뭄과 폭염이 미국의 곡창지대에 타격을 가해서 그해 옥수수, 수수, 대두 농사를 완전히 망치고 말았다. 총 피해액이 31억 달러에 이를 정도였다. 그런데 현재 진행 중인 캘리포니아 가뭄의 피해액은 그보다 수십억 달러나 더 크다.

우리는 지구촌 시장의 일원이기도 하다. 한 지역에서 농사를 망치면 지구적 농산물 공급체계 자체가 무너지면서 머나먼 지역에서 식량 가격이 폭등하는 결과를 낳을 수 있다는 말이다. 2010년과 2011년 엄청난 홍수로 호주 퀸즐랜드에서 농작물 수확량이 급감하자 호주 전체 식량 가격이 30% 상승했다. 아프리카의 경우, 지금도 겪고 있는 지독한 가뭄으로 소말리아의 수수 가격이 393%나 치솟았고, 에티오피아의 옥수수 가격은 191%나 올랐다. 캘리포니아 가뭄은 미국 내 아몬드 가격을 50%, 로메인 상추 가격을 37% 상승시켰다.

제트기류가 비정상적인 양상을 나타낸 2010년의 경우, 러시아에서는 극단적인 폭염과 끊임없는 산불이, 동남아시아와 파키스탄에서는 엄청난 홍수가 발생했고, 그 결과 국제 곡물시장이 일대 혼란에 빠졌다. 러시아와 우크라이나의 가뭄과 산불은 그해 밀농사를 완전히 망치게 했고, 전세계 밀 가격을 80%나 높였다. 극단적인 몬순 폭우가 태국과 베트남을 덮치는 바람에 쌀 가격이 동남아시아 전역에 걸쳐 25~30% 상승했다.[22]

이 모든 경제적 비용을 모두 합하면(물론 이런 식의 산출 과정에서 많은 것이 누락된다는 점을 고려해야겠지만), 우리 시대 기후변화가 지구촌 경제에 매년 입히는 손실액이 무려 1조 2,000억 달러에 이른다. 이는 세계 경제 총생산의 1.6%에 맞먹는 규모인데, 2030년까지 3.2%로 올라갈 가능성이 있다.[23] 경제학자들은 '행동에 나서지 않는 비용'과 (예컨대, 전 세계 탄소 배출량을 줄임으로써 기후변화에 맞서 싸우는 등) '행동에 나서는 비용'을 비교하면서 '행동에 나서는 것'이 타당하다고, 삼척동자도 아는 사실이라고 단언한다. 기후변화가 일으키는 피해의 비용은 탄소 배출량을 (예컨대, 탄소세 또는 배출 허가제 등을 통해) 줄이는 비용을 이미 크게 앞지르고 있다. 그리고 이 격차는 앞으로 계속 커질 것이다.[24]

아울러 경제학자들은 기후변화의 충격과 관련한 불확실성이 완전히 가시지 않는 한 행동에 나서면 안 된다고 주장하는 비판론자들과 정반대의 견해를 제시하고 있다. 불확실성이란 더 단호하고 더 시급하게 행동해야 할 이유라면서 말이다. 이는 기후변화의 충격을 가리키는 확률분포 곡선의 '기다란 꼬리' 때문이다. 다시 말해, 그 충격이 우리가 지금 예상하는 것보다 실제로는 훨씬 더 나쁠지 모른다는, 비록 작지만 0이 아닌 가능성 때문이다.[25]

우리는 집에 불이 날 가능성(25% 이하)이 상당히 낮더라도 화재보험에 가입해서 집을 지킨다. 반면, 우리가 여느 때처럼 화석연료를 계속 태울 경우 우리 기후에 돌이킬 수 없는 변화가 생길 위험성은 거의 확실하다. 따라서 기후변화에 맞서 행동에 나선다는 것은 지구를 지키는 아주 현명한 보험 전략으로 여겨야 한다.

윤리적 문제

450ppm이라는 숫자가 대기 중 CO_2의 '안전' 상한 선으로 인용되는 경우를 흔히 볼 수 있다. '위험한' 기후변화를 초래하는 것으로 여겨지는 화씨 3.6도(섭씨 2도) 이상의 온난화가 진행되지 않을 수 있는 마지노선으로 보기 때문이다. 위험한 기후변화가 '이미' 찾아왔다고 해도 무방하다는 주장을 잠시 접어두고, 관련된 수치의 산출 방법을 살짝 파고들어보자. 사실 450ppm이란, CO_2 농도를 그 이하로 유지하기만 하면 만사 해결이라는 뜻이 아니다. 정확히 말하면, CO_2 농도가 450ppm을 넘지 않을 경우, 화씨 3.6도라는 '위험한' 온난화가 일어나지 않을 가능성이 대략 67%라는 뜻이다.[26]

"뭐라고?!" 아마도 여러분은 이렇게 소리칠 것이다. "지금 과학자들이 우리한테 알려준 수준보다 CO_2 농도를 낮게 유지해도 위험한 온난화의 진행 가능성이 33%나 된다는 거야?"

그렇다. 우리가 여러분에게 말하고 싶은 것이 '정확히' 이 내용이다. 우리가 CO_2 농도를 (지금 당장 결연한 의지로 추진해도 이룰까 말까 한 과업인) 450ppm '이하'로 묶어둔다 해도 위험한 기후변화가 찾아올 가능성은 여러분 집에 불이 날 가능성보다 높다.

우리는 대체 어떤 상황에서 발생 확률이 33%나 되는 재난을 용납할 수 있을까? 우리가 '위험한' 기후변화를 모면하기 위해 무엇이 필요한지에 대한 상투적 논의의 틀을 그대로 받아들인다면, 33% 확률의 재난을 속수무책으로 기다리는 것이나 마찬가지다.

물리학자나 경제학자 역시 기후변화 문제를 거론하는 경우가 종종 있

다. 그러나 우리가 이야기하고자 하는 바(지구의 건강성과 여기서 지금 살고 있는, 앞으로 살게 될 사람들의 행복)는 물리학이나 경제학 차원의 문제를 훨씬, 훨씬 뛰어넘는다. 근본적으로 '윤리'의 문제이기 때문이다.

우리가 (많은 사람들이 생각하는 대로) 지구의 '승무원들'이라면, 우리에겐 편협한 기득권과 단기 이익에 눈이 멀어 지구를 저당 잡힐 권리가 아니라 지구를 온전히 보호할 책임이 있다. 프란치스코 교황은 2015년 기후변화에 관한 회칙에서 이렇게 언급했다.

환경 자원에 대한 탐욕적 개발로 평화에 대한 위협이 가중되고 있다. 땅을 독점하고 숲을 파괴하는 행위, 물을 사유화하고 식량을 화학물질로 키우는 행위야말로 인간을 자신이 태어난 땅에서 유리시키는 죄악에 해당한다. 우리는 대재난을 겪으면서 기후변화와 생물다양성의 상실, 산림 파괴의 충격을 생생히 목도하고 있다. (…) 국제기후협약의 체결은 실로 중대한 윤리적, 도덕적 책임이다.

교황은 자신의 경고를 무시하려는 사람들을 이렇게 꾸짖었다. "하느님은 지구를 제대로 보살폈는지 따지면서 여러분을 심판할 것이다."[27]

엄밀히 말하면 종교적인 가르침이지만, 사실상 신앙심의 유무와 무관한, 기본적인 윤리 원칙을 강조한 것이었다. 어느 논평가는 "10억 명을 이끄는 영적 지도자의 입에서 기후변화가 도덕의 문제라는 말이 나왔다는 것은 (…) 그 이야기를 오랜 세월 되풀이해온 우리 모두의 입지가 한층 단단해진다는 의미"라고 언급하기도 했다.[28]

교황이 이 회칙을 내놓은 지 몇 주 뒤, 저명한 과학지 《사이언스》의 수석편집자 겸 지구물리학자인 마샤 맥넛이 사설에서 이렇게 지적했다. "우리 모두는 경제성장이라는 미명 아래 이 지구를 담보로 화석연료를 태워 환경 채무를 축적하고 그 짐을 우리 자식과 그 자식들에게 지웠다. 단테라면 우리를 향해 지옥의 아홉 가지 죄악 가운데 어떤 죄를 지었다고 말할지 걱정스럽다."[29]

과학자들은 사회정치적 논쟁에 휘말리는 상황을 끔찍이 싫어하는 것이 보통이다. 그럼에도 불구하고 논쟁에 뛰어들 때는, 상황이 워낙 위중해서 그러지 않을 수 없다고 느끼기 때문이다. 하물며 기후변화 문제야 오죽하겠는가. 도저히 앉아서 지켜볼 수 없는 지경이다.

지구온난화는 일어나지 않아.
지금 일어나고 있어.
일어나고 있다면, 아마도 좋은 일이겠지.
좋은 일이 절대 아니야.
좋은 일이 아니라면, 입증이 되었어야지.
입증은 이미 끝났어.
입증이 끝났으면, 사람 탓은 아니겠지.
사람이 저지른 거야.
사람이 저질렀다 해도, 저절로 고쳐질 거야.
저절로 고쳐지지 않아.
저절로 고쳐지지 않으면, 어쩔 도리가 없는 노릇이군.
할 수 있는 일이 여러 가지야.
할 수야 있겠지만, 돈이 너무 많이 들겠지.
그렇게 많이 들지 않아.
돈이 많이 안 든다면, 나중으로 미뤄도 되겠군.
더 이상 미루면 안 돼.
미루면 안 된다니, 무슨 소리야? 이런 대화가 벌써 10년도 넘었는데
난 그냥 지구를 덥힐 거야.
TOLES
UNIVERSAL PRESS SYND.
©2004 THE WASHINGTON POST
1·2·04

부정의 단계들

　앞서 살핀 대로, 과학적 근거의 압도적인 힘을 고려할 때, 기후변화는 1)정말이고, 2)인류가 초래했으며, 3)중대한 위협이다. 그런데도 우리가 선출한 가장 중요한 정치인 또는 관료들 상당수가 어떻게 기후변화 자체를 여전히 부정할 수 있을까? 너무도 당연한 궁금증이다.

　이 질문에 대한 해답 역시 당연하다. 기후변화 부정론이 과학이 아니라 정치와 관련된 것이기 때문이다. 과학이 가리키는 (화석연료를 그만 태우는) 해결책을 강력한 기득권 세력이 탐탁지 않게 여기기 때문이다. 기후변화를 막기 위한 행동이 불필요하다는 어젠다를 정당화하기 위해 그들이 대규모로 진행 중인 허위정보 유포작전 때문이다. 문제의 존재 자체를 부인하는 기후변화 부정론자들은 문제가 심각하다는 압도적인 과학적 합의와 맞닥뜨릴 때마다 우습지도 않은 언어 곡예를 일삼는다. 이 과정에서 기후변화를 부정하는 정치인들과 자칭 평론가들이 논리를 전개해나가는 방식은 '6단계 부정론'으로 정리할 수 있다.

"기후변화는 일어나지 않아!"

첫 번째 단계는 기후변화가 일어나고 있다는 근거 자체를 받아들이지 않는 태도다. 부정론자들이 다양한 형태로 변주하는 불후의 레퍼토리다. 가장 노골적인 형태는 CO_2가 증가한다는 사실조차 가차 없이 부정해버리는 것이다. 반세기가 넘도록 직접 측정해온 확실한 근거를 바탕으로 대기 중 CO_2 축적을 공들여 입증했으니 의심하던 사람들도 믿겠구나 싶겠지만, 자칭 '회의론자'라는 사람들은 여전히 부정론에 도움이 되는 지점들을 찾아내서 이처럼 가장 근본적인 관찰 결과를 맹렬히 비난하는 논문을 발표하고 있다.[1]

하지만 이보다 더 자주 듣게 되는 부정론자들의 주장은 지구의 온도가 올라가지 않고 있다는 것이다. 1990년대의 기후변화 부정론자들은 관찰 결과에서 나타나는 명백한 불일치를 지적하곤 했다. 앨라배마대학교의 두 과학자가 위성을 통해 대기 온도를 추정한 결과였다. 극초단파 측정 장비Microwave Sounding Unit;MSU가 생산한 데이터는 대기 저층부에서 온난화가 전혀 일어나지 않은 것처럼 보였으니, 지표면 관측 결과상의 온난화와는 분명히 상충하는 것이었다. 부정론자들은 이후로 10년 이상 MSU 데이터를 근거로 삼아 지구가 실제로는 따뜻해지지 않는다고 주장하면서 역시 기후변화 부정론자인 두 과학자, 존 크리스티와 로이 스펜서를 떠받들었다.

당시에도 크리스티와 스펜서의 연구 결과에 절차적 문제가 있다는 의문이 제기되었지만, 2005년이 되어서야 다른 과학자들이 MSU 데이터를 독립적으로 분석해서 확연한 오류를 밝혀낼 수 있었다. 핵심은 연산 과정에서 (플러스 부호가 나와야 하는 곳에 마이너스 부호가 나오는 식으로) 온도가 올라간 곳을 내려간 곳으로 뒤바꾸는 부호의 오류였다. 마침내 미스터리가 풀린 것이다. 알고 보니, 온도가 내려간 곳은 '단 한 곳도' 없었다. 그들의 결론은 엉터리 분석으로 조작해낸 가공품이었다. 하지만 그사이에 화석연료업계의 이익집단들과 정치인들과 어용단체들은 기후변화에 맞선 행동이 불필요하다는 어젠다를 정당화하는 수단으로 이 '근거'를 10년 이상 활용할 수 있었다.[2]

기후변화 부정론자들의 고집을 절대로 과소평가해선 안 된다. 크리스티와 스펜서의 연구가 오류임이 밝혀졌는데도, 그 직후부터 '지구는 뜨겁지 않다'라는 좀비가 다른 가면을 쓰고 부활했다. 2008년 즈음에는, 시작하는 날짜와 끝나는 날짜를 아주 신중하게 선별해서 아주 짧은 시간 범위를 선택할 경우, 의미 있는 기온 상승이 전혀 안 일어난 것처럼 보이게 만들 수 있다는 사실이 기후변화 부정론자들에게 분명해졌다.[3] 여기에는 엘니뇨 현상이 기승을 부린 (이례적으로 따뜻한 해였던) 1998년을 시작점으로 잡고 이후로 (통계적 유의미성을 최소화하는) 10년 안팎이라는 아주 짧은 기간에 걸쳐 기온 변화 곡선을 산출해내는 교묘한 손놀림도 포함된다. 이런 셈법은 3월 27일이 4월 9일보다 따뜻하다는 이유로 올해는 봄이 안 온다고 목소리를 높이는 것과 같다.

심리적 '침윤 현상seepage' 탓인지, 끝내 주류 기상학자들마저도 이토록 수상쩍은 프레임을 채택한 나머지 지구온난화와 관련한 논의에서 이른바 '멈춤' 또는 '틈'을 거론하곤 한다.[4] 지구온난화가 최소한 일시적으로는 멈추었다고 확신하는 과학 논문들이 10여 편에 이른다. 기후변화에 관한 정부 간 협의체IPCC라는 자랑스러운 조직까지 지구의 기후 민감도에 대한

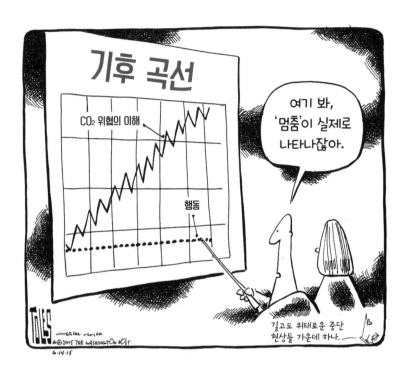

하한 추정치를 약간 낮추고 말았다.[5]

　하지만 사실이 아니다. 기껏해야 기후의 자연스러운 변동으로 인해 순식간에 지나가는 둔화 현상이 존재할 뿐이다.[6] 결국 지구온난화의 중단 내지 간극이란 개념은 2014년과 2015년에 지구 온도가 사상 최고치를 연달아 경신하면서 카드로 지은 집처럼 허망하게 무너져내렸다. 그러는 사이에 '멈춤' 또는 '틈'이라는 키워드가 정책적 행동을 가로막으려고 여러모로 궁리하는 기후변화 부정론자들에게 충분한 사료를 공급했음은 더 말할 나위가 없다.

"좋아, 기후가 변화한다고 치자…
하지만 자연스러운 현상이야!"

　　　　　　기후변화 부정론자들은 전례 없이 극단적인 날씨와 기후 현상이 수없이 거듭되면서 또 다른 부정의 단계로 이동하는 경향을 보여왔다. "좋아, 기후가 변한다고 치자… 하지만 자연스러운 현상이야." 이 말은 무수한 버전으로 가지를 친다.

　그들이 선호하는 변주는 인류가 어떤 영향을 미치기 이전에도 따뜻한 기후가 존재했다는 주장이다. 예를 들어, 공룡이 지구를 호령했던 백악기 초기의 온도가 지금보다 높았다는 것이다. 여러분이 창조론 박물관에서 안내하는 자연사 이야기에 동의하지 않는다면, 인류가 그즈음에 존재하면서 대기 중에 탄소를 배출하지 않았다는 사실에 대해 의문을 제기하지 않을 것이다.

　기온이 지금보다 높았던 이른바 중세 온난기는 어떤가? 분명 SUV들이 돌아다니지 않았던 시절이다! 실제로는 온도가 지금보다 높은 시절도 아니었다. 활용 가능한 최선의 근거를 살펴보면, 비록 따뜻한 일부 지역이 없었던 것은 아니지만 그 밖의 지역은 오히려 더 추웠다는 사실을 알 수 있다. 사실 당시 지구 전체의 평균 온도는 오늘날 평균 온도에 미치지 못한다. 그러나 부정론자들은 이런 사실에 아랑곳하지 않고 나름의 논지를 힘껏 밀어붙인다!(기후변화 부정론자들이 하키스틱 곡선을 그토록 맹렬히 공격하는 까닭은, 사실과 다를지언정 소중하기 그지없는 자기네 핵심 논지를 정면으로 반박하는 것이기 때문이다.)**7**

　하지만 더 근본적인 오류가 있다. 실은 워낙에 근본적인 오류여서 '전

후관계를 인과관계로 여기는 오류post hoc, ergo propter hoc'라는 이름까지 붙을 정도다. 이 오류는, 과거에 어떤 요인이 변화를 일으켰다면 오늘날의 변화 역시 그 요인이 야기한 것이 분명하다고 여기는 사고방식이다. 과거에는 산불이 자연발생적으로 일어났기 때문에 성냥과 라이터 기름을 소지한 방화 용의자라 하더라도 걷잡을 수 없는 산불을 일으킨 혐의가 없다고, 따라서 무죄로 방면해야 한다고 주장하는 것과 흡사한 오류다.

이른바 중세 온난기가 존재했다고 보는 사람들은 태양의 복사열이 약간 증가했다거나 화산 분출이 거의 없었다는 등 여러 가지 자연적 요인들을 들먹이며 11~15세기의 기온이 17~19세기에 걸친 소빙하기'의 기온보

다 높았다고 주장한다. 하지만 이들이 거론하는 자연적 요인들은 반대로 지구의 온도를 '낮추는' 데 이바지하는 것이다. 그런 요인들에도 '불구하고' 지구가 따뜻해졌다는 사실은 인류가 야기한 온실가스의 증가에 의해서만 설명이 가능하다. 백악기 초기의 따뜻한 기후 역시 위안을 삼을 이유가 되지 못할 것이다. 오늘날 지구온난화를 야기한 것과 똑같은 메커니즘, 즉 높은 CO_2 농도에 의해 기온이 상승했기 때문이다.

물론 차이점이 있다. 고대의 높은 CO_2 농도는 아주 느린 지질학적 변화 과정의 결과이기 때문이다. 이후로 지난 1억 년 동안에는 역시 지질학적 변화 과정을 통해 상당량의 탄소가 땅속에 묻혔다. 우리는 지난 100년 동안 화석연료를 땅속에서 끄집어내 태움으로써 또다시 탄소를 대기 중으로 날려 보내고 있다. 자연이 탄소를 땅속에 묻는 속도보다 100만 배 빠른 속도로.

"어쨌든 문제는 저절로 해결될 거야."

기후변화 부정론자들은 자연적인 요인들만으로 지난 세기의 온난화 및 이와 관련한 기후이변을 설명할 수 없다는 압도적인 근거에 직면하자, 다음 카드를 꺼내 들었다. "좋아, 지구가 따뜻해진다고 치자. 그리고 자연적 요인들로는 설명이 안 되는 것도 맞아. 하지만 대단치 않은 변화일 거야. 무엇보다 자연에는 온난화에 개입해서 그 충격을 제한하는 '자기수정'의 메커니즘이 있잖아."

MIT의 대기과학자 리처드 린젠의 주장을 고려해보자. 린젠은 상당히 인상적인 자격을 갖춘 인물이다. 커리어 초기의 연구 성과를 인정받아 미국국립과학원 회원으로 선출되었기 때문이다. 하지만 린젠 역시 담배가 인체에 미치는 해로움에 이의를 제기하고[8] (음성 피드백'에 해당하는) 안정화 메커니즘이 온난화를 최소화할 것이라고 오랫동안 주장해온 {기후변화 찬반 양측을 동등하게 대한다는 차원에서} 기회균등주의적 과학 부정론자다.

앞서 언급한 피드백 이야기를 떠올려보자. 최초의 온난화를 증폭시키는 (예컨대 '악순환' 같은) '양성' 피드백도 있고, 최초의 온난화를 감소시키는 (예컨대 '자기수정' 메커니즘 같은) '음성' 피드백도 있다. 압도적 다수의 과학자들은 전체적으로 볼 때 양성 피드백이 음성 피드백을 이긴다는 데 의견 일치를 보이고 있다.

CO_2 농도가 두 배로 올라가면, CO_2만의 온실효과에 의해 화씨 1.8도(섭씨 1도) 정도의 직접적인 온도 상승이 이루어진다. 이 정도면 문제가 안 되는 것 아니냐고? 하지만 온난화는 대기가 수증기를 더 많이 머금게 만든다(수증기 피드백). 그런데 수증기는 CO_2보다 훨씬 강력한 온실가스로 화씨 2.7도(섭씨 1.5도)의 온난화를 추가로 야기한다. 그 결과로 얼음이 녹으면 지표면이 햇빛을 더 많이 흡수하게 되어(얼음 반사율 피드백), 화씨 0.9도(섭씨 0.5도)가 또 올라간다. 이것이 대수롭지 않은 온난화(화씨 1.8도)를 잠재적 재앙 수준(화씨 5.5도[섭씨 3도])의 온난화로 뒤바꾸는 양성 피드백 회로의 전개 과정이다.

이 밖에도 중요하게 작용할 가능성이 있는 몇 가지 피드백 메커니즘이 존재한다. 이른바 '탄소 순환 피드백'이 대표적이다. 지금까지 바다와 식물은 우리가 대기 중으로 날려 보낸 CO_2의 절반가량을 흡수할 수 있었다. 이른바 '탄소 흡수원' 역할을 수행해온 것이다. 그러나 이 '흡수원'은

곧 포화 상태에 이를 것이고, 여차하면 '탄소 발생원'으로 둔갑할 수도 있다. 이렇게 된다면, CO_2 배출량이 증가하지 않는데도 대기 중 CO_2 농도가 상승하는 상황이 빚어질 수 있다.

메탄 역시 요주의 대상이다. 메탄은 CO_2에 비해 (ppm이 아니라 ppb로 측정할 정도로) 훨씬 낮은 농도로 대기 중에 존재한다. 그러나 훨씬 강력한 온실가스다. 서서히 녹고 있는 북극지방 영구동토층 또는 연안 대륙붕에 내포화합물 형태로 묻힌 상당량의 메탄이 대기 중으로 방출되면 심각한 온난화를 추가로 야기할 수 있다. 지질학적 기록을 살펴보면, 모종의 기상이변으로 기온이 상승한 결과 메탄이 실제로 방출되었다는 근거를 발견할 수 있다.

과학계의 관심은, 덜 확실하지만 잠재적 위협으로 떠오르는 양성 피드백의 세계로 대부분 옮겨 갔다. 그러나 기후변화 부정론자들은 과학자들이 무시하고 넘어간 '음성' 피드백의 발생 가능성에 여전히, 완전히 사로잡힌 채로 남아 있다.

린젠은 음성 피드백이라면 앞뒤 안 가리고 좋아하는 사람처럼 보인다. 1990년, 그는 지구온난화가 대기권 상층부의 건조화를 야기할 것이라고 주장했다. 온실가스인 수증기가 말라버리면 온난화가 상쇄될 것이라는 (다시 말해, 음성 피드백이 작동한다는) 주장이었다. 리젠은 결국 이런 식의 메커니즘에 대한 주장을 포기했다. 다른 과학자들이 연구한 결과 신빙성이 없는 주장으로 입증되었기 때문이다.[9] 그러자 이번에는 '구름'에 초점을 맞추기 시작했다. 하지만 구름이란 대단히 복잡한 성질을 지닌다. 구름이 지닌 여러 가지 특성 중에는 양성 피드백으로 작용하는 것도 있고, 음성 피드백으로 작용하는 것도 있다.

이를테면, 상층운 가운데서도 높은 곳에 형성되는 성긴 모양새의 새털구름卷雲의 경우, 태양의 복사열은 통과시키는 반면 지표면이 우주로 되돌려 보내는 열을 차단해서 (어떤 측면에서, 특정 기체의 온실효과와 유사하게) 지표면의 온도를 높인다. 반면, 다른 종류의 구름들, 특히 하층운에 속하는 두꺼운 층운層雲은 햇빛을 우주공간으로 반사시키므로 (눈이나 얼음과 유사한 방식으로) 지표면의 온도를 낮춘다. 따라서 구름이 양성 피드백으로 작용할지, 아니면 음성 피드백으로 작용할지 파악하려면, 따뜻해진 이 세상에 구름이 늘거나 줄었는지도 알아야 하지만, 어떤 종류의 구름이 늘거나 줄었는지도 알아야 한다.

과학계의 지배적 견해는, 온도를 높이거나 낮추는 구름의 영향은 거의 균형을 이룬다는 것, 따라서 구름의 총 피드백은 미약한 음성 피드백과 미약한 양성 피드백 사이의 어디쯤이라는 것이다. 하지만 자세히 들여다보면, 과학계의 합의가 구름의 양성 피드백 쪽으로 이동하고 있다는 사실을 알 수 있다. 바꾸어 말하면, 구름이 지구온난화를 악화시킨다는 뜻이다.[10]

그러나 린젠은 다르게 주장했다. 2000년에 구름의 또 다른 음성 피드백을 주장한 것이다. 역시 과학계가 무시했던 내용이었다. 그는 지구온난화로 새털구름이 감소할 것이며, 따라서 지표면의 온도를 낮추는 데 기여할 것이라는 내용의 '홍채 가설'을 내놓았다. 이 주장 역시 받아들여지지 않았다. 다른 과학자들이 이 메커니즘을 독립적으로 연구하고는 실제적 차원과 개념적 차원 모두에서 불합격 판정을 내렸기 때문이다. 불굴의 린젠은 2009년에도 다른 종류의 음성 피드백을 주장했다. 지구온난화가 반사성이 강한 하층운을 더 많이 발생시킬 것이라는 주장이었다. 하지만 이 주장 역시 다른 과학자들의 철저한 검증 아래 빛이 바래고 말았다.[11] 짐작건대 린젠은 오늘도 구름에 대한 탐구를 이어가고 있을 것이다.

린젠이 제시한 메커니즘은 적어도 흥미롭고, 이론의 여지는 있어도 상당히 가치 있는 과학적 논의로 이어진다. 다른 과학자들이 그 주장을 확인하거나 (실제로 밝혀졌듯) 부정하기 위해 대기물리학을 깊이 파고들도록 떠밀기 때문이다. 하지만 이 밖에 제기된 '자기수정'적 기후 메커니즘 주장들에 대해서는 너그럽게 보아주기 어렵다.

일례로, 제임스 테일러가 몇 년 전에 찬사를 보냈던 어느 연구를 살펴보자. 그는 하트랜드연구소에서 일하는 홍보 전문가로 기후변화와 담배의 해로움 모두를 부정한 사람이다. 문제의 논문은 (위성이 측정한 지구 온도를 바탕으로 지표면의 온도 상승을 반박하고 기후변화를 부정한 두 과학자 가운데 한 명인) 로이 스펜서, 그리고 연구소 동료인 윌리엄 브래스웰이 공동으로 저술한 것이었다.

테일러는 해당 연구 결과에 관한 보도자료에서 "여러 기후모형이 예측한 것보다 (…) 훨씬 낮은 수준으로 지구온난화가 이루어질 것이고 (…) 이산화탄소의 증가는 기후변화를 경고하는 사람들의 주장보다 훨씬 낮은 수준으로 열을 가둘 것"이라는 블록버스터급 연구 성과를 새로이 도출했다고 선언했다.[12] 그렇다면 이 연구가 정말로 인간에 의한 지구온난화라는 개념에 종말을 알리는 일대 사건이었을까?

이런, 전혀 아니었다. 그 논문은 출간되자마자 용납할 수 없을 정도로 ("모든 것은 이전보다 더 단순한 수준이 아니라 최대한 단순해야 한다"는 아인슈타인의 유명한 격언을 떠올릴 정도로) 지나치게 단순한 기후변화 모형을 동원했다는 이유에서, 아울러 공저자들이 기이하게 선별한 것이 아니면 어떤 데이터 집합을 그 모형에 대입해도 완전히 다른 결과가 도출된다는 이유에서, 해당 분야 전문가들의 신랄한 비판을 샀다. 해당 논문을 발표한 과학지의 편집장은 동료평가 과정에서 논문의 '근본적 결함'을 확인하지 못한 것으로 드러나자 너무도 상심한 나머지 항의의 뜻으로 사퇴했다.[13] 이밖에 기후의 신비로운 '자기수정' 메커니즘을 내세우는 거의 모든 이론들 역시, 아마도 이렇게 극적인 방식으로 매장당하지는 않을 테지만, 오십보백보라고 할 수 있다.

"기후변화는 우리에게 '이로운' 거야!"

기후가 변화 중이고, 우리가 야기하고 있으며, 저절로 안정을 되찾지 못한다는 사실을 인정한 부정론자들은 기후변화의 결과가 나쁘지 않을 것이라는 태도로 물러서곤 한다. 심지어 '이롭다'는 주장까지 내놓는다.

"북극곰은 사라지지 않을 것이다!" 그들은 이렇게 주장하지만, 실제로는 정반대다. 엄격한 사냥 규제 덕분에 개체수가 늘어난 서식지가 없지는 않다. 그러나 실상은 지속적으로 관찰해온 12개체군 가운데 8개체군의 숫자가 줄어들었고, 3개체군은 그대로이며, 오직 1개체군만 늘었을 뿐이다. 국제자연보호연맹IUCN이 멸종위기종으로 분류하고 미국 멸종위기종보호법이 보호 대상으로 규정한 까닭이 여기에 있다.[14]

"(식물이 CO_2를 아주 '사랑'하므로) CO_2 농도가 높고 재배 가능 기간이 늘어나면 농사가 잘 될 것이다!" 부정론자들의 주장이다. 그러나 실제로는 열대지방에서 온도가 조금만 높아져도 곡물의 생산성이 곤두박질친다는 것이 과학적인 연구 결과다. 기후변화가 가중시킨 극단적 날씨의 파괴적인 충격은, 우리가 이미 살핀 대로, 최근 몇 년 사이에 이미 지구촌 전역에 미치고 있다. 그리고 향후 전망은 더욱 암울하다.

해수면 상승? 아무 문제가 없다! "지난 2년 동안 실측한 결과 해수면은 조금도 오르지 않았고, 외려 조금 낮아진 것으로 나왔다. 예상했던 상황보다 훨씬 낮다는 이야기가 나와야 마땅하지 않은가?" 극단적 낙관주의자로 자칭 '회의적 환경주의자'인 비외른 롬보르의 질문이다.(그는 이 말의 참뜻에 비추어 회의론자도 아니고 환경주의자도 아니다.)[15] 하지만 이 질문은 엘니뇨 현상과 관련된 데이터 가운데 일시적인 상황 변화를 콕 집어서 자신이 하고 싶은 말을 얹은 것에 불과하다.

실제로는 해수면이 일관되게 상승세를 보여왔을 뿐 아니라 상승 속도가 시간이 갈수록 빨라지고 있다.[16] 부정론의 속성을 잘 보여주는 이 에피소드는 소위 회의적 환경주의자라는 사람이 기후변화의 위협을 경시하고 행동이 불필요하다는 어젠다를 정당화하기 위해 과학적 근거를 체계적으로 조작해내는 모습을 여실히 보여준다. 물론 이런 행태는 부정론자들이 보여주는 여러 가지 전형적인 수법들 가운데 하나다.[17]

이런 식의 주장도 있다. 그린란드 얼음판이 녹는다면 어떨 것 같아? 인

간이 마음껏 개척할 수 있는, 수풀이 우거진 신대륙이 나타나는 거야. 노르웨이 사람들이 처음 여기에 정착해서 그린란드라고 이름을 붙인 이유가 뭐라고 생각해? 그들이 이 대륙에 최초로 이주한 1,000년 전 '중세 온난기'에는 따뜻한 기후 덕분에 풍요로운 '초록빛 땅'이었어. 사람들이 먼 길을 마다하고 이리로 건너온 것은 이 때문이지. 그러다가 몇 세기 뒤에 소빙하기 혹한이 찾아오면서 사람이 더 이상 살 수 없는 땅으로 전락한 거야.

그럴듯하게 들릴지 몰라도, 완전히 틀린 주장이다. 이런 식의 설명이 기후변화 부정론자들 사이에서 상식으로 통하고 있지만,[18] 1)그린란드는 노르웨이 사람들이 이주할 당시가 지금보다 따뜻하지 않았고, 2)10만 년 이상 얼음에 거의 완전히 뒤덮인 채로 오늘에 이르렀으며(바이킹 이주민들의 주거지는 비교적 얼음이 적은, 오늘날에도 사람이 살기에 적합한 가장자리, 즉 비교적 따뜻한 남쪽 피오르드 해안지역으로 제한되어 있었다), 3)그 대륙에 그린란드라는 이름이 붙은 것은 유럽 대륙에서 이주민을 끌어당기기 위한 마케팅 전략일 뿐, 얼음으로 뒤덮인 대륙의 실상을 정확히 묘사한 결과가 아니었고, 4)그린란드 얼음판이 완전히 녹을 경우, 지구의 해수면이 상승하면서, 그린란드에서 얼음이 녹아 새롭게 드러난 땅의 면적보다 훨씬 더 넓은 땅이 사라진다는 사실을 무시하는 주장이다.[19]

유명한 부정론자 로저 피엘크 주니어(기후정책에 대한 논문을 발표하는 콜로라도대학교의 정치적 과학자)는 극단적인 날씨로 발생한 재난에서 기후변화가 충격을 가중시켰다는 근거를 찾을 수 없다고 줄곧 주장해왔다.[20] 그는 적십자[21]나 런던의 로이드 보험협회 같은 저명한 기관 또는 뮌헨 재보험사와 스위스 재보험사 같은 세계 최고의 보험회사에서 일하는 연구원들의 정반대 의견을 외면한 채 이런 주장을 펼치고 있다.[22] 피엘크는 기후변화에 부정적인 공화당의 초대로 의회 증언에 나서서[23] 세계 경제의 성장이 재난 피해를 가중시킨 측면이 있다고 주장하는 등 이례적인 연구방법론을 선보이기도 했다. 전문가들은 기후변화와 재난 피해의 연관성을 완전히 부정할 수 있는, 부적절한 방법론이라고 지적했다.[24]

여러분이 여기서 어떤 패턴을 발견한다면, 그런 패턴이 존재하기 때문일 것이다. 기후변화에 맞선 시급하고도 결연한 행동에 대한 반대론을 옹호해온 주역들 대다수는 기후변화의 충격이 미미하다거나 도리어 이롭다는 식으로 바라보는 위증자의 관점을 동원한다. 이런 관점은, 기후변화의 근본적인 물리학 메커니즘들에 대한 노골적인 거부는 아닐지라도, 여전히 부정론의 형태를 유지하는 태도일 뿐 아니라, 기후변화를 대놓고 부정하기 어렵겠다고 차츰 깨닫는 환경오염 이익집단들을 위해 안전한 논리적 후퇴로를 제공하겠다는 태도다.

"행동하기엔 너무 늦었거나 비용이 너무 많이 들 테니, 간단한 기술적 해법을 어떻게든 찾아보자."

마침내 우리는 부정의 마지막 단계에 도달했다. "어쨌든 기후변화를 막기 위해 무엇이든 행동에 나서려면 돈이 너무 든다"거나, 아니면 "언젠가 저렴한 기술적 해법을 찾게 될 것"이라는 주장이다.

이 태도 역시 신화와 오류가 지탱하는 것이다. 그중에서 으뜸은 행동에 나서지 않는 것이 가장 저렴한 대책이라는 주장이다. 우리가 지금까지 살

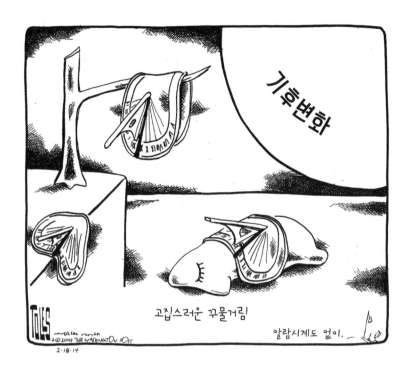

고집스러운 꾸물거림

기후변화

알람시계도 없이.

핀 대로, 완전히 틀린 주장이다. 이 문제를 연구한 경제학자들은 아무것도 안 하는 데 따른 비용이 행동에 나서는 비용보다 훨씬 더 많이 든다고 결론지은 바 있다. 하지만 이 결론은 제대로 조명받지 못했다. 부정론자들이 '행동'하는 쪽의 비용에 초점을 맞출 뿐 '무행동'이 초래하는 훨씬 많은 비용을 철저히 무시했기 때문이다.

이런 주장을 뒷받침하기 위해 광범위하게 활용되는 또 다른 오류는 "껌을 씹는 행위와 걸어 다니는 행위를 동시에 수행할 수 없다"는 주장, 구체적으로 말하면, 기후변화에 맞서서 행동에 나설 경우 여타 긴급한 문제의 해결에 쓰이는 자원을 빼앗아 다른 목적으로 돌리는 결과를 초래할 수 있다는 주장이다. 이런 관점을 확인할 수 있는 유난히 지독한 사례가 있다. 엑손모빌 CEO를 지낸 렉스 틸러슨(2017년 도널드 트럼프가 집권하면서 국무장관에 취임했다) 같은 사람들이 내세우는 허구의 개념, '에너지 빈곤 energy poverty'이다. 그는 반어법의 뉘앙스가 조금도 묻어나지 않는 표정으로 "인류가 고통을 받는다면, 지구를 구해서 뭐에 쓰겠는가?"라고 되물었다.[25]

'에너지 빈곤'이라는 기발한 착상은 '회의적 환경주의자' 비외른 롬보르, 전 마이크로소프트 CEO 빌 게이츠,[26] 브레이크스루연구소 등을 통해 많은 사람들의 뇌리에 파고들었다. 특히 브레이크스루연구소는 기후변화 문제를 해결하기 위한 '돌파구breakthrough'를 찾는 것이 미션 가운데 하나라고 선언하고 있지만, 실제로는 (탄소가격제나 재생에너지 인센티브 등) 의미 있는 행동이 될 수 있는 것이라면 무조건 반대하고 나서는 것처럼 보인다. 동시에, 의미 있는 기후행동이 필요하다고 주장하는 사람들을 반박하는 일에 이상할 정도로 집착한다.[27] 그런데 이 연구소는 공교롭게도 천연가스업계의 이익집단들과 연결 고리가 있다.[28]

'에너지 빈곤'이라는 개념의 근저에 깔린 발상은 이렇다. 첫째, 에너지에 대한 접근성의 부족이 (예컨대 식량, 물, 건강 같은 요소들보다) 개발도상국 사람들에게 주요한 위협으로 작용한다는 것이다. 여러분이 이 수상쩍은 전제를 기꺼이 받아들인다면, 화석연료가 그들에게 에너지를 공급하는 유일하고도 유효한 수단이라는 결론에 이르게 된다. 알겠는가? 여러분이 형편이 어려운 나라들을 걱정한다면, 화석연료를 희망으로 여겨야 한다는 것이 '에너지 빈곤'의 논리다.

누구든 이런 주장을 가난한 사람들 편에 서는 것으로 널리 알려진 프란치스코 교황에게 일러바치면 좋겠다. 교황은 '에너지 빈곤'이라는 신화를 단호히 거부한 사람이다. 어디서든 활용할 수 있고 재생 가능한 태양발전과 수력발전 형태의 에너지가 거의 모든 개발도상국에서 훨씬 실용적이라고 믿기 때문이다.[29] 이렇게 단언한 사람은 교황만이 아니다. 화석연료 친화적인 《월스트리트저널》조차 최근에 이런 기사를 실었다. "재생 가능한 에너지가 (…) 오지에서 해법을 제공할 수 있을 것이다. 생성과 소비가 같은 지역에서 이루어지므로 대규모 발전시설이나 수백 킬로미터에 이르는 전선이 불필요하다."

기후변화가 다른 문제들에 대한 관심을 빼앗는다는 전제에는 한층 깊은 문제가 도사리고 있다. 앞서 살펴본 대로, 기후변화는 식량, 물, 건강, 토지 등 다양한 사회문제를 '악화'시킨다. 프란치스코 교황은 이 간단한 사실을 환경에 관한 최근 회칙에서 강조한 바 있고, 미국 국방부 역시 같은 태도를 취했다.[31]

'에너지 빈곤'이라는 신화를 관 속에 집어넣고 못질하는 사실이 있다. 바로 기후변화의 충격이 훨씬 많은 사람들을 빈곤으로 '몰아넣을' 것이라는 사실이다. 하지만 이런 사실을 우리 공저자들만 언급하는 것은 아니다. 대체로 부정론 쪽에 치우친 폭스뉴스가 세계은행 연구 결과를 보도한 바에 따르면, 기후변화로 인해 "2030년까지 1억 명이 극심한 빈곤에 처할" 가능성이 있다.[32]

마지막으로, 지금까지 제시된 저렴한 기술적 해법들은 어떨까? 공상과학적인 해결책들 중에는 거대한 거울을 우주에 띄워서 햇빛을 우주로 반사시키거나, 화산 분출 상황을 흉내 내서 막대한 양의 미립자들을 대기 중에 쏘아 올리거나, 많은 양의 철분을 바다에 쏟아 부어 '기름지게' 만들자는 주장들이 있다. 우리는 이 책의 한 장(제7장)을 통째로 할애해서 이 '지구공학geoengineering'이라는 주제를 검토할 생각이다. 한두 문단으로 설명하고 넘어가기에는 할 말이 너무 많다.

우리는 지금까지 1)지구의 온도가 상승하지 않는다는 주장부터, 2)상승한다 해도 자연스러운 것이며, 3)인류가 초래했더라도 그 영향이 미미하고, 4)어쨌든 우리에게 좋을 것이며, 5)무엇이든 행동하려면 너무 비싸다는 주장을 거쳐서 마지막으로 6)간단하고 돈도 덜 드는 기술적 해법을 찾을 수 있다는 주장에 이르기까지, 기후변화를 막기 위한 행동이 불필요하다는 주장의 온갖 핑계를 살펴보았다. 각각의 핑계는 부정론의 한 가지 형태이고, 또 그렇게 인식되어야 한다. 간단한 해법이란 존재하지 않는다. 그리하여 우리는 끝내 단 한 가지 진짜 해법만을 손에 쥐게 될 것이다. 그것은 바로 인간의 집단적 탄소발자국을 줄이기 위한 행동이다.

5장

기후과학과의 전쟁

　제2차 세계대전이 아직 안 끝난 것으로 알고 있던 마지막 일본군 병사[1]처럼, 기후과학과의 전쟁은 채굴 가능한 화석연료와 고용 가능한 용병들이 존재하는 한 계속될 것이다. 그러나 최근 공격의 양태가 역사적인 흐름 속에서 어떤 위상을 차지하는지 이해할 필요가 있다.

　산업계의 이익집단들은 지난 수십 년 동안 홍보활동에 많은 금액을 투자했다. 싱크탱크나 어용단체들에게 대규모 후원금을 몰아주는가 하면, 자신들의 상품(담배, 화학물질, 화석연료 등)을 위협하는 과학적 발견을 공격하기 위해 상당한 자격을 갖춘 과학자들을 고용했다.[2]

　과학과의 전쟁은 지금으로부터 반세기 전, 담배산업이 은밀하게 움직이기 시작한 1950년대로 거슬러 올라간다. 당시 담배회사들은 담배에 문제가 있다는 사실을 이미 알고 있었다. 내부 연구를 통해 자기네 상품이 사람들의 건강을 해치고 목숨을 앗아간다고 파악한 것이다. 노동부 차관보 데이비드 마이클스는 담배업계 내부 보고서에서 제목을 따온 자신의 책 『의심은 그들의 상품이다』를 통해 담배산업이 그 문제에 대한 책임을 어떻게 회피했는지 알려준다. "모든 연구 목적에 의문을 던지고, 모든 연구방법론을 꼬치꼬치 따져서, 모든 연구 결과에 반박을 가함으로써 불확실성을 만들어내" 결국에는 "규제와 피해배상을 수십 년이나 지연시키는 데 성공했다"고 말이다.[3]

크리스 무니의 『공화당이 벌이는 과학과의 전쟁』이나 나오미 오레스케스와 에릭 콘웨이의 『의심을 파는 장사꾼들』 같은 책을 보면, 담배산업이 1950년대와 1960년대에 발전시킨 접근법과 수법을 이후로 여타 산업의 이익집단들이 차용 내지 적용하는 과정에서 얼마나 예리하게 다듬었는지 알 수 있다. 목적은 상품의 위험성에 대한 대중과 정책결정자들의 인식에 혼란을 야기하는 것이었다.[4]

나쁜 짓을 배우다

담배산업의 전략은 환경에 미치는 해악에 관한 과학적 근거들의 신빙성을 떨어뜨리는 노력의 일환으로 반복해서 활용되어왔다.[5] 가장 일찌감치 이 전략을 선택한 쪽은 화학산업이었다. 1960년대 초에 레이첼 카슨을 헐뜯는 홍보전을 수행하기 위해서였다. 현대 환경운동의 첫걸음을 내딛게 했다는 평가를 받고 있는 카슨의 책 『침묵의 봄』은 DDT(디클로로디페닐트리클로로에탄)라는 살충제가 환경에 미치는 악영향을 널리 알렸다.[6] 당시 DDT 최대 생산기업인 몬산토의 회장은 카슨을 가리켜 "자연의 조화를 숭배하는 광신도"라고 비난하기도 했다.[7]

카슨이라는 환경 영웅은 기후변화 부정론자들의 수정주의적 역사에서 사악한 대량학살자일 뿐이었다.[8] "한 사람이 잘못된 경보를 울리는 바람에 전 세계 수백만 명의 사람들이 고통스럽고 때로는 치명적인 말라리아에 시달리고 있다. (…) 그 사람은 바로 레이첼 카슨이다." 기업경쟁력연구소CEI로 알려진 관련 산업의 어용단체가 운영하는 어느 웹사이트(http://www.safechemicalpolicy.org/rachel-was-wrong)에 실린 문구다.[9] 아이러니하게도, DDT가 자취를 감춘 까닭은 카슨이 고발한 환경 유해성 때문이 아니라 모기들이 차츰 저항력을 키우면서 효능을 잃었기 때문이다.

이번에는 산성비를 거론할 차례다. 미국 중서부의 공장 굴뚝에서 나오는 연기(정확히 말하면, '황산염 에어로졸'로 불리는 황산을 함유한 미립자들)가 문제를 일으킨다는 과학적 근거들은 이미 1960년대 말부터 수두룩했다. 미립자들이 서풍에 실려 높이 솟은 뒤 미국 북동쪽 여러 지역으로 바람을 타고 이동해 비와 함께 내리기 때문이었다. 산이 섞인 빗물은 뉴욕과 뉴잉글랜드 전역에서 숲을 죽였고 호수와 강을 생명이 살지 못하는 곳으로 만들었다.

과학계는 산성비 이면의 메커니즘을 충분히 이해한 상태에서 1970년대를 맞이했다.[10] 1970년에는 리처드 닉슨 대통령이 환경보호청EPA를 창설하고, 이 기관에 기업의 배출가스를 규제하는 권한을 부여하는 '청정대기법'에도 서명했다. 그러나 1980년대 중반을 즈음해서 (우리가 나중에 더 자세히 살펴볼) S. 프레드 싱어라는 물리학자가 《내셔널리뷰》 같은 보수적인 언론매체들과 손잡고 산성비 문제에 인간이 영향을 미쳤다는 비판을 반박하면서 화산활동 같은 자연적 요소가 원인이라고 주장하기 시작했다.[11] 이와 같은 산업계의 반발 및 조작된 논쟁은 한동안 더 이상의 정책적 행동을 막는 데 유효하게 작용했다.

하지만 1990년 (로널드 레이건 정부의 부통령이었던) 조지 H. W. 부시 대통령이 행동 지향적, 친환경적 EPA 수장인 윌리엄 K. 레일리에 이끌려 시장을 기반으로 하는 창의적 법안 '배출권 거래제'에 서명하게 되었다. 배출 상한선을 지키는 오염 기업들에게 재정적 인센티브를 부여하는 제도였다. 이런 노력은 '건전한 경제를 위한 시민모임'(대관절 건전한 경제를 그 누가 반대한단 말인가? 실상은 찰스 코크와 데이비드 코크 형제가 정부 규제를 막기 위해 설립한 어용단체였는데, 지금은 프리덤웍스로 이름을 바꾸었다)[12] 등 그 럴싸한 이름을 내건 기업 집단들의 반대를 사기는 했어도, 극적인 성공이 아닐 수 없었다. 덕분에 숲과 강, 호수는 지난 몇 십 년에 걸쳐 대체로 원상을 회복했다.

다음으로 오존 감소 문제를 살펴보자. 1980년대로 접어들면서 당시 스프레이캔 제품의 압축가스나 냉각제로 널리 쓰이던 클로로플루오로카본 CFCs이 성층권의 오존층을 파괴한다는 명확한 과학적 근거가 축적되었다. 그러자, 여러분도 짐작하듯이, 화학업계가 과학을 공격하기 시작했다. 듀폰 회장은 이 과학적 근거를 "공상과학소설 같은 (⋯) 황당무계한 (⋯) 헛소리"라고 일축했다.[13] 아마도 그의 반박은 CFCs의 시장 규모가 8억 달러에 이른다는 사실과 관련이 있었을 것이다. 이번에도 싱어는 오존 감소에서 CFCs의 역할에 이의를 제기함으로써 관련 이익집단들을 방어하는 데 앞장섰다.[14]

1985년에 남극대륙 상공의 오존층에서 구멍이 발견되고 과학자들이 예상했던 것보다 문제가 훨씬 심각하다는 사실이 밝혀지면서, 1987년 오존을 감소시키는 CFCs의 공업적 이용을 금지하는 몬트리올의정서 채택으로 이어졌다. 업계의 지속적인 반대에도 불구하고, 로널드 레이건이 대통령으로 재직하던 미국은 이 협약에 흔쾌히 서명했다.

여러분은 아마도 이 지점에서 조금은 혼란스러울 것이다. 그랬다. '공화당' 소속 대통령이었던 리처드 닉슨과 로널드 레이건, 조지 H. W. 부시 모두가 관련 산업 이익집단들의 강력한 반대를 무릅쓰고 새로이 부상하는 지구적 환경 문제에 대한 '규제적 해법'을 지지했다. 부시는 오염을 줄이기 위한 시장 주도형 접근법인, 오늘날 공화당 정치인들이 대대적으로 조롱하는, 배출권 거래제를 미국에 도입했다. 당시만 해도 환경보호 관련 정책은 적어도 당파적 정치 싸움의 대상이 아니었다. 지금 돌아가는 사정을 보면 명백히 다른 분위기였다는 사실을 알 수 있다.

기후변화: 다음은 네 차례야!

아마도 여러분은 이제 어떤 일이 벌어질 차례인지 짐작하고도 남을 것이다. 그렇다. 1990년대 초부터 기후변화가 주목받으면서, 관련 업계의 표적으로 떠오르는 상황이 자주 빚어지기 시작했다. 지난 수십 년 동안 DDT와 산성비, 오존층 파괴의 과학적 근거에 대항해 맹렬한 전투를 여러 차례 치른 역전의 용사들이 콧노래를 부르고 있었다.

다양한 싱크탱크와 어용단체가 업계의 이해관계에 해가 되는 것으로 입증된 과학을 공격하라는 임무를 부여받고 보수적인 재단들과 이익집단들의 자금을 받아가면서 전장을 누볐다.[15] 그러나 전장에는 기후변화 논쟁에 중대한 의미를 던지는 또 다른 무언가도 존재했다.

오레스케스와 콘웨이가 『의심을 파는 장사꾼들』에서 지적한 대로, 냉전

시대의 물리학자들은 자유를 억압하는 모든 것을 불신하는 이념을 마음속에 품고 있었다. 이 '자유시장 근본주의자'들은 규제에 반대하는 이익집단들의 어젠다에 의도적으로 동조했다.[16]

그 가운데 몇몇이 의기투합해서 조지 C. 마셜 연구소GMI를 세웠다. 이 연구소는 업계가 자금을 대는 싱크탱크로, 훗날 《뉴스위크》가 "부정론이라는 기계에서 가장 중요한 톱니"로 움직였다고 묘사한 조직이 되었다.[17] GMI는 핵무기 경쟁이 최고조에 이른 1984년에 설립된 이후로 유명한 대중과학자 칼 세이건 같은 영향력 있는 비판자에 맞서서 흔히들 '스타워즈'라고 부르는 레이건의 논쟁적인 '미사일 방어체제 전략방위 구상SDI'을 옹호하는 데 역량을 집중했다. 세이건을 비롯한 많은 사람들은 SDI가 핵무기 비축량의 증가를 초래할 것이라고 우려했다. 미국과 소련 사이에 전면적인 핵전쟁이 터져서 상당량의 핵무기가 대규모로 폭발할 경우, 엄청난 먼지와 잔해가 햇빛을 차단해 영구적인 겨울 기후, 즉 '핵겨울'이 찾아올 것으로 예상했기 때문이다. 핵겨울의 시나리오에 따르면, 6,500만 년 전 소행성이 지구에 일으킨 먼지폭풍으로 공룡이 멸종한 것처럼, 인류 역시 치명적인 피해를 입을 수 있다.

하지만 냉전시대 매파 사람들은 핵겨울 시나리오를 소련에 기만당했거나 동조하는 평화주의자들 특유의 위협전술 가운데 하나쯤으로 여겼다. 그들은 이런 발상 자체가 미국의 안보에 위협이 된다고 으름장을 놓았다. 이에 따라 GMI는 핵겨울 주장의 신빙성에 흠집을 내기 위해 배후의 과학적 근거를 직접 공격하기 시작했다. 과학적 근거를 향한 공격전술에는 과학의 정체를 낱낱이 밝혀내야 한다며 의회 브리핑을 개최하거나 입맛에 맞는 기사 또는 칼럼을 내보내달라고 언론사를 조르는 행위 등이 포함된다. 심지어 핵겨울에 대한 다큐멘터리를 내보내려고 준비하던 TV 방송사가 협박을 당한 경우도 있었다.[18]

더욱 흥미로운 상황이 펼쳐지는 것은 지금부터다. 우리 주제와 한층 밀접한 내용이기도 하다. 핵겨울에 대한 예상은 지구의 기후에 관한 '초창기 모형들'에 기반한 것이었다. 다시 말해서, 핵겨울의 과학적 근거가 신뢰성을 상실할 경우, 기후변화의 과학적 근거 또한 신뢰성이 떨어질 수밖에 없다는 이야기다. 어떤 흐름이 뒤따랐을지는 두말할 나위가 없다. 머지않아 GMI와 거기서 채용한 냉전시대 물리학자들의 날카로운 시선이

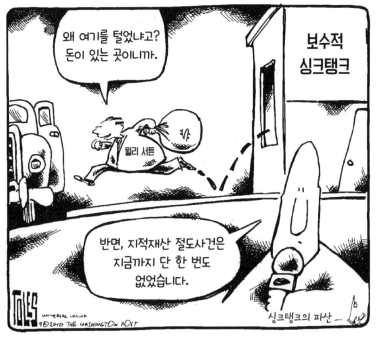

{윌리 서튼: 1940년대 미국에서 악명을 떨친 은행강도}

기후변화로 쏟아지게 되었다. 이들은 보수적 재단들 및 화석연료 이익집단들과 힘을 합해서 강력한 연합군을 형성하고 기후변화의 과학적 근거를 공격하기 시작했다.

부정론 청부업자들

프레더릭 사이츠는 과학계에서 흠 잡을 데 없는 명성을 자랑하는 세계적인 물리학자로, (미국 최고의 과학기관이라 할 수 있는) 국립과학원 원장과 록펠러대학교 총장을 역임하기도 했다. 그는 고체물질에 관한 현대 양자론에 기여한 공로로 1973년에 미국 대통령이 수여하는 국가과학상을 수상하는 영예를 누렸고,[19] 미국 국방부 특별공로상, NASA 특별공로상, 미국물리학회 최고의 영예인 컴프턴 상 등을 받았다.

하지만 사이츠는 현대적 과학부정론 분야의 기초를 닦은 인물로 밝혀지고 있다. 1990년대 초, 그는 GMI 상임대표에 취임했다. 그리고 거기서 비슷한 생각을 지닌 물리학자 두 사람을 만났다. (아이러니하게도, 지금은 세계적 수준의 기후모형 센터인) NASA 고다드우주연구소를 세운 로버트 재스트로와 스크립스해양연구소 국장을 역임한 윌리엄 니렌버그였다. 그 뒤로 그는 지구온난화와 산성비, 오존층 파괴의 과학적 근거에 반대하는 활동에 착수했다.[20]

여러분은 그토록 탁월한 세 과학자가 의기투합해서 과학을 공격하는 일이 어떻게 가능한지 의아할 것이다. 한마디로, 아니, 두 마디로, '이념'과 '돈' 때문이었다.

사이츠와 동료 냉전 매파는 정부의 규제에 대한 반대를 신념으로 새긴 사람들이었다. 스탠퍼드대학교 과학사 교수이자 『골든 홀로코스트: 담배 회사들은 인류 건강의 재앙을 어떻게 조작했나』의 저자인 로버트 프록터의 설명이다.

이 자유시장 근본주의자들은, 냉전적 이분법(시장경제 대 계획경제, 개인 대 국가, 자유 세상 대 빅브라더)에 심취한 나머지, 환경 병폐들을 기업의 화학제품 탓으로 돌리려는 그 어떤 시도도 용납 않고 가차 없이 공격했다. 클로로플루오로카본이 오존층을 좀먹는 것은 사실이 아니고, 석탄을 때는 공장에서 나오는 황산염은 숲을 파괴하는 산성비를 야기하지 않으며, 심지어 간접흡연도 입증 가능한 해로움을 야기하지 않는다고 반박하는 식이었다.[21]

돈 문제에서는 업튼 싱클레어의 일갈이 다시 한 번 들어맞는다. "어떤 사람으로 하여금 무언가를 이해하게 만드는 것은 어려운 일이다. 더욱이 무언가를 이해하지 않아야 봉급을 챙길 수 있는 사람이라면." 1970년 대 후반 학계에서 은퇴한 사이츠는 담배에 대한 공격을 방어한 대가로 거대 담배기업 R. J. 레이놀스로부터 50만 달러가 넘는 돈을 받았다. 뒤이어 GMI의 수장을 맡고는 화석연료 거대기업 엑손모빌 등 여러 이익집단들로부터 후원금을 받고 기후변화의 위협을 하찮은 것으로 만들기 위해 노력했다.[22] 실로 사이츠는 온갖 종류의 부정론에 능통한 최초의 청부업자였던 것이다. 청부업자의 과학적 권위는 관련 산업의 홍보활동에서 매우 소중한 자원이다. 사이츠 같은 부류는 자발적으로, 그리고 아주 효과적으로 자기 이름을 팔아넘길 줄 아는 사람들이다.

1998년, 사이츠는 온실가스를 제한하려는 교토의정서를 저지하기 위한 지구온난화 청원운동(오리건 청원)에 자신의 면허를 빌려주었다. 이 청원서는 사이츠의 서명이 실린 표지로 덮인 채 광범위한 메일 리스트를 통해 전국으로 뿌려졌다. 국립과학원장을 역임했다는 경력을 활용해 메일 수신자들에게 청원에 동참하라고 촉구하려는 목적이었다. 아울러 사이츠가 편지에서 지구온난화에 대한 "열두 쪽짜리 정보 검토서"라고 칭했던 문건이 첨부 자료에 포함되어 있었다.[23]

사실 그 정보 검토서는 가짜 논문이었다. 아서 B. 로빈슨과 노아 E. 로빈슨, 윌리 순이 작성한 〈대기 중 이산화탄소 증가의 환경적 영향〉이라는 논문이었는데, 《국립과학원회보》라는 권위지에 게재된 것처럼 보이게끔 구색을 갖췄을 뿐이었다. 이상한 낌새를 느낀 국립과학원이 직접 나서서 사이츠의 주장을 고의적인 속임수라고 맹렬히 비판하고, 온실가스 관련 과학적 근거에 대한 국립과학원의 견해는 사이츠가 편지에서 주장한 내용과 아주 다르다고 지적했다. 대단히 이례적인 조치였다.[24]

그렇다면 무려 3만 1,000명이나 서명했다는 '오리건 청원' 자체는 어떻게 된 것일까? 지금도 기후변화 부정론자들은 3만 1,000명의 이름뿐인 '과학자'들이 동참한 이 청원서를 인류가 기후변화를 야기했다는 학설에 대해 과학자들 사이에 광범위한 의심이 존재한다는 증거로 내세우고 있다. 하지만 《사이언티픽 아메리칸》의 분석에 따르면, 서명자 가운데 과학자는 몇 명에 불과하고, 그나마도 상당수는 이미 세상을 떠난 사람들이었다. 심지어 서명한 과학자 명단에는 게리 할리웰(그렇다, '스파이스걸스'의 멤버다)과 TV 시리즈 〈매시〉에 등장하는 가상의 인물 B. J. 허니컷도 있었다.[25]

S. 프레드 싱어
"이산화탄소는 오염물질이 아니다. 정반대다.
곡물과 숲이 더 빨리 자라도록 돕기 때문이다."

　사이츠가 최초의 만능 부정론자라면, S. 프레드 싱어는 '다작'으로 최고 기록을 세운 부정론자다. 싱어와 사이츠는 놀라울 정도로 비슷한 길을 걸었다. 싱어 역시 냉전시대의 물리학자(문자 그대로 로켓과학자)이자, 대학교수(버지니아대학교 환경과학과 교수)였다. 사이츠가 그랬듯, 싱어 역시 (1990년에) 학계를 떠난 뒤로 오존층 파괴와 기후변화, 담배 등 여러 가지 환경 및 보건 상의 위협을 둘러싼 과학의 정체를 밝힌다는 목표 아래 과학·환경정책 프로젝트SEP라는 싱크탱크를 설립했다. 아울러 필립모리스와 몬산토, 텍사코 등 이해관계가 얽힌 기업들로부터 상당한 후원금을 받아왔다.[26]

이번에는 훌륭한 과학자로 평가받던 로저 르벨과 관련한 악명 높은 사건을 살펴보자. 무엇보다 그는 앨 고어가 하버드대학교 재학시절 기후변화에 관심을 갖도록 영감을 불어넣은 사람으로 유명하다. 르벨은 인류가 야기한 기후변화라는 오늘날의 개념이 발전하는 데 기초를 닦은 인물이다. 이미 1950년대에 화석연료를 태우는 행위가 온실가스 농도를 상승시킨다는 핵심적인 근거를 제공했을 뿐 아니라, 지구온난화의 전망과 관련한 초기의 추정들 가운데 상당수를 내놓기도 했다.

르벨이 타계하기 직전인 1991년, 싱어는 워싱턴D.C.의 지식인 모임인 코스모스클럽에서 펴내는 과학지 《코스모스》에 보낸 논문의 공저자로 르벨의 이름을 추가했다. 이 논문은 싱어가 기후변화 부정론에 입각해서 과거에 작성한 글과 거의 똑같은 내용으로 인류가 기후변화를 야기하고 있다는 과학적 근거를 반박하는 것이었다. 르벨의 비서와 제자들은 르벨 본인이 초고를 보고 상당히 불쾌하게 느꼈으며, 부정론적 시각은 나중에 르벨이 (논문이 발표되고 몇 달 뒤에 타계했을 정도로 당시에 병세가 위중해) 수정된 내용을 확인할 기회가 없는 상태에서 추가되었다고 주장했다.[27]

싱어는 이른바 국제기후변화비정부협의체NIPCC라는 곳에서 2008년에 발표한 악명 높은 보고서의 숨은 주역이기도 하다. NIPCC는 과거 수십 년 동안 담배산업의 대리인 노릇을 해왔고 지금은 화석연료산업의 이해관계를 대변하는 하트랜드연구소에서 후원금을 받는 단체다. 여기서 내놓은 보고서 역시 IPCC의 권위 있는 평가보고서 양식을 모방해서 IPCC의 발견들을 뿌리부터 흔드는 데 초점을 맞춘 것이었다. ABC 뉴스는 이 보고서를 "날조한 헛소리"라고 외면했다.[28]

이 밖에도 화석연료 이익집단의 지원을 받은 수많은 과학자들이 과학적 근거의 다양한 측면을 직간접으로 비판하면서 기후변화 부정론을 일구어왔다.[29] 여러분은 MIT의 리처드 린젠을 기억할 것이다. 이전까지는 발견되지도 않았던 가상의 안정화 피드백 메커니즘이 지구온난화를 최소화할 것이라고 주장한 사람 말이다. 한 패를 이룬 존 크리스티와 로이 스펜서 이야기도 제4장에서 다룬 바 있다. 두 사람이 위성 측정치를 기반으로 발표한 잘못된 대기 온도 추정치가 이후로 10년 이상 지구온난화를 부정하는 근거로 제시되었다. 버지니아대학교를 거쳐서 지금은 보수 성향의 카토연구소에 몸담고 있는 패트릭 마이클스는 기후변화의 영향이 미미할 뿐 아니라 우리에게 도움이 된다고까지 주장했다.

다음으로 매사추세츠 주 케임브리지에 위치한 하버드-스미소니언 천체물리학 천문대의 윌리 순이 있다. 그는 "지구온난화는 자연스러운 현상"이라는 주장부터 "북극곰에게 이롭다"는 주장까지 기후변화 부정론의 모든 단계를 거쳐 간 인상적인 인물이다. 그가 발표한 논문은 동료평가 과정에서 자신에게 후원금을 제공한 화석연료 이익집단에게 바치는 '배송품'이라는 꼬리표가 암암리에 붙곤 했다.[30]

기후변화 부정론자들은 화석연료업계에서 후원금을 받은 수많은 기관 또는 어용단체들과 제휴관계를 맺고 그들로부터 돈을 받는다. 오레스케스와 콘웨이가 '포템킨 마을'(그럴싸한 겉치레로 진실을 은폐하거나 왜곡하는 집단)의 구성원들이라고 묘사한 부류[31]로는 건전한 과학 발전센터TASSC, 알렉시스 드 토크빌 연구소AdTI, 번영을 추구하는 미국인들AFP, 카토연구소, CEI, 프레이저연구소, 프리덤웍스(구 건전한 경제를 위한 시민모임), GMI, 하트랜드연구소, 허드슨연구소, 미디어리서치센터, 전국정책분석센터NCPA 등등 여러 곳이 있다.[32]

기후변화 부정론의 조율자들은 그들만의 포템킨 마을을 건설하고, 언제든 기꺼이 마을 방어에 나서는 병사들로 구성원을 채운 뒤, 또렷한 임무를 부여했다. 인류가 야기한 지구온난화라는 주장이 과학적 근거가 불확실하거나 불충분하고 정치적인 의도가 깔려 있다는 의심을, 그래서 모종의 정치적 행동을 위한 기본 개념으로 활용하기에 부적합하다는 오해를 대다수 미국인들에게 심어주는 것이다.[33]

전문가는 아니지만 한마디 하자면

과학에 대한 현대적 공격체계가 1950년대 거대 담배기업과 함께 작동하기 시작했다는 이야기를 다시 떠올려보자. 그 이야기에서 당시 담배업계의 이해관계를 옹호했던 사람들과 지금 화석연료업계의 이해관계를 옹호하는 사람들 사이에 직접적인 연관성이 존재한다는 사실을 유추하기란 별로 어려운 일이 아닐 것이다. 일례로, S. 프레드 싱어는 요즘 화석연료산업의 다양한 구성원들로부터 후원금을 받아가며 지구온난화를 비판하고 있다. 그러나 1995년까지만 해도 필립모리스의 어용단체에서 일하며 간접흡연의 위험성을 "최악의 환경 신화 다섯 가지" 가운데 하나로 낙인찍는 작업에 이바지하던 사람이었다.[34] 실제로 담배산업의 이해관계를 지난 수십 년 동안 대변했던 수많은 청부업자들이 지금은 인류가 야기한 기후변화 개념에 바탕이 되는 과학적 근거를 허무는 작업에 열중하고 있다.[35] 다재다능하지 않고서는 존재의 의미를 지킬 수 없는 사람들이다.

자칭 '쓰레기 청소부'인 스티븐 J. 밀로이를 살펴보자. 그는 자신의 홈페이지 쓰레기과학(junkscience.com)과 보수 성향 언론매체에 실린 인터뷰 또는 칼럼에서 DDT나 오존층 파괴 등 "환경 극단주의"와 관련된 모든 것을 "쓰레기 과학"이라고 비난한다.[36]

밀로이는 수많은 부정론 청부업자들과 마찬가지로 담배업계, 정확히 말하면 필립모리스에서 첫걸음을 내딛었다.[37] 그리고 지금은 환경 문제까지 아우르는 만능 평론가로 거듭났다. 그가 신젠타를 위해 어떤 일을 했는지 살펴보자. 신젠타는 유럽의 농화학기업으로 네오니코티노이드라고 불리는 살충제를 판매한다. 이 제품은 꿀벌이 집단 폐사하는 군집 붕괴 현상을 유발하는 것으로 알려져 있다.[38] 실례로, 2014년 미국에서는 꿀벌의 42%가 폐사하는 충격적인 사건이 발생하기도 했다.[39]

신젠타는 아트라진이라는 제초제도 판매한다. 이 제품은 개구리의 폐사와 관련이 있다. 밀로이는 신젠타로부터 얼마인지 알 수도 없는 돈을 받고 아트라진의 대변자를 자처했다. 밀로이는 2008년에 신젠타 홍보책임자에게 보낸 이메일에 이렇게 적었다. "당신이 아트라진과 관련한 논점들을 나에게 알려줄 것이라고 베스 캐럴이 그러더군요. 어떤 내용인지 무척 궁금합니다."[40]

밀로이는 캘리포니아대학교 버클리 캠퍼스의 타이런 헤이스 교수를 표적으로 삼은 공격작전에도 가담했다. 헤이스는 10년 넘게 아트라진을 연구하고 그 결과를 발표했는데, EPA 기준치보다 낮은 농도로 아트라진에 노출된 개구리도 번식기능에 기형이 발생한다는 내용이었다. 밀로이는 헤이스를 "버클리 운동권의 아트라진 혐오자"라고 부르면서 과학을 빙자해 거짓말을 일삼는 사람이라고 비난했다. 그는 '괴상한 개구리 사기꾼'이라는 제목의 논평에서 "헤이스가 아트라진을 가지고 대중을 겁박하기로 작정한 모양"이라고 언급하기도 했다.[41]

밀로이는 과학자가 전혀 아니지만[42], TV(구체적으로는 폭스뉴스)에 나와서 환경 전문 과학자인 양 떠드는 재주만큼은 정말 대단하다. 밀로이는 이런 재주를 십분 발휘하면서 담배가 건강에 미치는 악영향, 살충제가 환경에 미치는 악영향, 화석연료가 지구에 미치는 악영향 같은 과학적 주장들을 향해 '쓰레기과학'의 산물이라며 줄기차게 목소리를 높이고 있다.

밀로이가 폭스뉴스에 수시로 출연해 독립적인 '쓰레기과학' 전문가로 행세하는 동안 밝히지 않은 사실이 있다. 앞서 언급한 대로, 필립모리스와 엑손모빌, 신젠타 같은 거대 기업들을 옹호해준 대가로 그들에게서 돈을 받았다는 사실이다.[43] 2006년《뉴리퍼블릭》의 폴 대커 기자는 이런 사실을 폭로하면서 폭스뉴스의 반응도 함께 보도했다. 폭스뉴스는 밀로이와 업계의 재정적 연결 고리를 몰랐다고 주장하면서 "그가 어떤 제휴관계를 맺었다면 사전에 밝혔어야 했다"는 정도의 가장 가벼운 질책을 가하는 데 그쳤다.[44]

하지만 밀로이는 외로울 이유가 전혀 없다. 수많은 변호사와 로비스트, 정보원 등이 밀로이처럼 관련 업계의 이익집단들을 위한 대변인으로 헌신해왔기 때문이다. 마크 모라노는 2004년 미국 대선에서 존 케리 민주당 후보의 전쟁 공로가 과장되었다고 헐뜯는 ('쾌속정 전술'이라고 불리는) 네거

'쓰레기 청소부' 스티븐 밀로이
"인간이 배출한 이산화탄소 등 온실가스가 기후에
탐지 또는 예측 가능한 영향을 미친다는 주장에 (…)
우리는 동의하지 않습니다."

티브 선거전을 처음 기획한 사람인데, 지금은 기후과학자들을 대상으로 이와 비슷한 중상모략작전을 펼치고 있다. 밀로이와 모라노 외에도 화석연료산업이 돈을 대는 CEI의 크리스토퍼 호너와 마이런 에벨도 걸핏하면 폭스뉴스에 나와서 기후과학과 기후과학자들을 공격하고 있다.

인신공격의 기술

업계가 지원하는 허위정보 유포집단이 활용하는 한층 부적절한 기법들 중에는 인격파괴, 인신공격, 중상모략의 책동이 있다. 패색이 짙은 전투에서 마지막 방어선으로 내세우는 전술이다. 부정론의 병사들은 자기편에 유리한 근거들이 없다는 사실을 깨닫게 되면서, 개인을 향한 공격을 무기로 선택하는 경우가 점점 더 늘고 있다. 대중의 생각을 혼란스럽게 만들고, 적을 헐뜯고, 그 적의 강점(여기서는 진실성과 신뢰성)을 물고 늘어지는 것이다.

우리가 앞서 강조한 대로, 과학에서 비판이란 그 자체로 아무런 문제가 없다. 도리어 비판이란 과학의 자기수정 체계에서 핵심적인 요소다. 그러나 비판에도 한계가 있다. 어떤 과학자의 과학적 연구 성과를 비판하는 행위와, 욕설을 퍼붓거나 근거 없이 비난하거나 해치겠다고 협박하는 식으로 과학자 개인을 공격하는 행태는 전혀 다른 차원의 문제다.

여러분은 보수적 싱크탱크 CEI가 DDT의 해악에 관한 책을 써서 현대 환경운동의 선구자로 널리 인정받는 레이첼 카슨을 대량학살자라고 비난한 사실을 기억할 것이다. 하지만 『침묵의 봄』 출간 15주년을 맞이한 2012년에 카슨을 향한 공격이 부활했다. 마치 그가 무덤 속에 평화롭게 누워 있지 못하게 하려고 작정이나 한 것처럼 말이다. 이 과정에서 등장한 가짜 뉴스들 중에는 보수적인 《포브스》 웹사이트에 실린 〈레이첼 카슨의 치명적인 공상들〉이라는 논평이 있다. 카슨이 "중대한 왜곡", "형편없는" 학식, "지독한 학문적 비행"을 저질렀다고 비난하는 내용이다.[45] 글쓴이는 CEI 연구원이자 GMI 과학 부문 자문위원인 헨리 I. 밀러였다. 그는 담배산업을 옹호한 경력으로 유명한 인물이다.[46] 여러분은 이제 이런 사실이 놀랍지도 않을 것이다.

　카슨을 향해 지독한 비난이 쏟아지는 까닭은 무엇일까? 대답은 간단하다. 그가 환경운동을 상징하는 아이콘이기 때문이다. 카슨 개인에게 불명예를 뒤집어씌우면, 환경에 대한 우려가 정당하다는 생각을 무너뜨릴 수 있다는 판단에서다. 또는, 무너뜨리지는 못할지언정, 적어도 환경과학에 대한 의심의 불씨를 꺼뜨리지는 않을 수 있다고 보는 것이다. 기후변화 부정론자들이 앨 고어를 표적으로 삼은 것도 같은 이유에서다. 정치권에서 기후변화 문제와 가장 긴밀하게 연관된 인물이기 때문이다. 앨 고어 개인에 대한 불신을 조장하면, 기후변화에 대한 모든 우려가 카드로 지은 집처럼 허물어질 것으로 예상한 결과였다. 부정론자들은 수단과 방법을 가리지 않고 고어를 넘어뜨리려고 안간힘을 썼다. 그들은 몸무게와 전기요금, 일상적 사고 같은 소재들로 고어를 하염없이 물고 늘어졌다. 사실, 고어라는 개인을 추락시키기 위해 어렵사리 긁어모은 것치고는 시시한 소재들이었다.

　이런 맥락에서 로저 르벨과 S. 프레드 싱어의 이야기로 돌아가자. 르벨은 청년시절의 앨 고어가 지구온난화 문제에 관심을 두도록 영감을 불어

마침내 의회가 지구온난화 대응방침을 결정하다

그쪽이 아니야

넣은 결정적인 인물이고, 싱어는 《코스모스》에 발표한 부정론 논문에 타계하기 직전이었던 르벨의 이름을 써넣은 사람이다. 그런데 이 두 가지 사실은 무관하지 않다.

《코스모스》 사건 당시 르벨의 대학원생 제자였던 저스틴 랭카스터는 싱어가 르벨의 이름을 공저자로 올린 것은 "눈속임"이며 르벨 본인은 "자기 이름이 올라간 것을 알고 부끄러워 어쩔 줄 몰랐다"고 말했다. 랭카스터는 싱어의 행동을 "비윤리적"이라고 단정했을 뿐 아니라, 한 걸음 더 나아가 의도 자체가 불순하다는 의혹을 강하게 제기했다. 앨 고어가 기후변화의 위협에 대한 대중의 인식을 제고하기 위해 벌이는 캠페인의 진정성을 문제 삼는 동시에 앨 고어 개인의 명예를 실추시키려는 의도였다는 것이다. 랭카스터는 법적 대응에 나서겠다는 싱어의 위협에도 불구하고 자신의 발언을 철회하지 않았다.[47]

랭카스터의 주장은 사실로 확인된 것 같다. 싱어와 동료 부정론자들은 몇 년 동안 르벨도 《코스모스》 논문의 "공저자"라고 온 천지에 떠들고 다녔다. "고어의 지구온난화 멘토"조차 "온실가스의 충격을 완화한다는 명목으로 급격하고도 가파른 조치들을, 그것도 일방적으로 시행한다면, 효과적이기는커녕 일자리 증발과 경제 위축과 지구촌 빈곤이라는 희생을 인류에게 강요하는 것이나 마찬가지라고 생각했다"면서 말이다.[48]

르벨의 딸은 아버지가 타계한 이후로 아버지의 관점과 학문적 유산이 왜곡당하는 현실에 염증을 느낀 나머지 《워싱턴포스트》에 칼럼을 실어 "앨 고어 상원의원을 비판하는 사람들이 앨 고어의 스승이자 멘토였던 르벨마저 지구온난화에 대한 신념을 포기했다고 강변하다니" 어찌 된 영문인지 모르겠다고 맹렬히 비난하면서 "이보다 진실과 거리가 먼 주장도 없을 것"이라고 강조했다. 아울러 르벨이 "1991년 7월에 타계할 때까지도 지구온난화에 대해 깊이 우려했다"고 재확인했다.[49]

이 밖에도 많은 사람들이 중상모략 집단의 공격으로 고통받아왔다. 스탠퍼드대학교의 탁월한 생태학자 폴 에얼릭을 생각해보자. 에얼릭은 레이첼 카슨과 마찬가지로 인류의 소비가 지구의 제한된 자원과 정면충돌의 길로 치닫고 있다는 경고를 일찍이 1968년에 『인구 폭발』이라는 고전적인 저작에서 내놓은 바 있다. 그러자 역시 카슨과 마찬가지로 유력한 용의자들로부터 강력한 비판이 날아들었다. 카토연구소의 줄리언 사이먼은 그를 가리켜 "비관적인 전망을 쓸데없이 퍼뜨리는 사람"이라면서 "끔찍한 희생을 강요하는 환경지상주의적 히스테리"의 선구자라고 비난했다.[50] 하지만 수십 년 뒤에는 1,500명이 넘는 세계적인 과학자들이 에얼릭의 연구 결과가 사실이라고 확인하면서 "인류와 자연이 정면충돌의 막다른 길로 돌진하는 중"이며 인간의 활동이 "환경과 필수불가결한 자원에 가혹하고 때로는 돌이킬 수 없는 손상을 가하고 있다"고 결론지었다.[51] 전 세계 각국을 대표하는 주요 학술기관들 역시 비슷한 성명을 발표해왔다.[52]

기후과학을 겨냥한 중상모략

기후변화 부정론자들은 인신공격 전술을 예술의 한 형태로 승화시켰다. 예컨대, 인류가 야기한 기후변화의 위협을 처음으로 공론화한 기후과학자들 가운데 한 사람인 스탠퍼드대학교 스티븐 슈나이더의 사례를 보자.

아마도 슈나이더는 기후과학계가 배출한 학자들 중에서 대중을 상대로 가장 또렷하게 자기 목소리를 내는 인물일 것이다. 그는 일찍이 1970년대부터 온실가스에 의한 지구온난화의 위험성을 경고하면서 이후로 수십 년 동안 기후위험 평가 분야의 토대를 구축하는 데 이바지한 으뜸가는 기후과학자다. 그런데 슈나이더는 칼 세이건에 필적하는 대중적 소통 능력을 타고난 사람이었고, 그 탓에 세이건처럼 위협을 당해야 했다.

기후변화 부정론자들은 슈나이더의 관점을 왜곡해서 널리 퍼뜨리는 것으로 응수했다. 이를테면, 지금도 부정론자들 사이에서 광범위하게 회자하듯, 슈나이더가 1970년대에 또 다른 '빙하기'를 예견했다는 신화다. 빙하기가 찾아온다는 끔찍한 예상을 내놓았던 학자가 이제 와서 지구온난화를 경고한다면 묵살해도 괜찮다는 의미였다. 그는 빙하기를 예견한 적이 없었지만, (1970년대까지만 해도 슈나이더 같은 과학자들이 에어로졸에 의한 온도 하락과 온실효과에 의한 온도 상승이라는 여러 가지 상충하는 효과들을 놓고 씨름했다는) 진실은 전혀 다른 뉘앙스로 쉽게 왜곡되었다.[53]

기후변화 부정론자들은 지난 몇 년 동안 훨씬 더 교활한 수법을 동원했다. 슈나이더의 주장 가운데 일부만을 따와서 왜곡한 것이다. 여기서 슈나이더가 1989년 《디스커버》와 인터뷰한 내용을 통째로 읽어보자. 그가 정확히 어떤 말을 했는지 파악하는 것이 중요하다.

한편으로, 우리 과학자들은 윤리적인 차원에서 과학적 방법론에 얽매여 있습니다. 실제로 오로지 진실, 온전한 진실만을 말하겠다고 맹세하기도 합니다. 이 말은 우리가 의심, 경고, 가정, 예외까지 포함해서 어떤 주장을 펼쳐야 한다는 뜻입니다. 다른 한편으로, 우리는 과학자이기에 앞서 이 시대를 살아가는 인간입니다. 그래서 우리도 대다수 사람들과 마찬가지로 세상이 더 나아지기를 희망합니다. 이런 맥락에서 우리는 재앙과도 같은 기후변화의 잠재적 위험성을 낮추기 위해 노력하고 행동합니다. **그러려면 폭넓은 지지를 얻는 동시에 대중의 상상력을 사로잡을 필요가 있습니다.** 여기에는 언론매체의 조명을 최대한 확보하기 위한 노력이 당연히 수반됩니다. 따라서 우리는 무시무시한 시나리오를 제시하고, 내용을 단순화하고, 드라마틱한 발언을 내놓고, 의심스러운 내용은 가급적 언급을 피할 수밖에 없습니다. 우리는 이와 같은 '윤리적인 이중결박'에 수시로 시달립니다. 어떤 공식으로도 풀 수 없는 결박입니다. 효과적인 언행과 솔직한 언행 사이에서 무엇이 올바른 균형이 무엇인지, 각자가 알아서 판단해야 합니다. **바라건대, 양쪽 모두를 아우르는 균형이면 좋겠습니다.**[54]

슈나이더가 분명하게 말하고 있는 것은 과학자가 자신의 연구 성과를 가지고 대중과 소통할 때 정확성과 균형감각을 잃지 말아야 할 뿐 아니라 효과적인 소통이 되도록 노력하기를 바란다는 내용이다.

그러나 카토연구소의 줄리언 사이먼은 1996년 《미국물리학회 뉴스레터》에 게재한 논평에서 위 인용문의 일부 문장을 새로운 버전으로 날조해서 슈나이더의 논지를 심각하게 왜곡했다. "그러려면 폭넓은 지지를 얻는 동시에 대중의 상상력을 사로잡을 필요가 있다"라는 문장을 "과학자가 광범위한 지지를 획득하려면 진실을 과장하는 방법까지 고려해야 한다"라는 문장으로 대체한 것이다. 슈나이더가 "진실을 과장"하라고 부추겼다는 악의적 비난에 만족하지 못한 사이먼은 "양쪽 모두를 아우르는 균형이면 좋겠다"라는 마지막 문장을 아예 삭제해버렸다. 그 문장은 과학자가 정직성과 효과성 모두를 고민해야 한다는 슈나이더의 원칙을 확고하게 드러내는 것이었다.[55]

이번에는 국립과학원 회원이자 선도적 기후과학자인 벤 샌터의 사연이다. 그는 1995년에 나온 IPCC 2차 평가보고서의 핵심 결론에 과학적으로 중요한 기여를 했다는 이유로, 부정론자 무리로부터 위협적인 인물로 낙인찍혔다. 하지만 이들은 걱정할 필요가 없었다! 두 명의 프레드가 부리나케 달려와서 무찔러주었기 때문이다.

먼저 S. 프레드 싱어는 《사이언스》에 편지를 보내서 샌터의 연구 성과를 평가보고서에 포함시킨 것은 IPCC 규정을 위반한 것이라고 사실과 다른 주장을 폈다.[57] 그 직후에는 프레더릭 사이츠가 보수 성향의 《월스트리트 저널》 여론면에 실린 논평에서 샌터가 "과학적 인종 청소"를 주장한다고 엉뚱한 혐의를 뒤집어씌웠다. 샌터의 친척들이 나치 치하에서 죽음을 당한 사실을 고려하면 지극히 혐오스러운 언사가 아닐 수 없었다.

싱어와 사이츠가 대중의 시선에서 멀어지자, 다른 사람들이 나타나 그 자리를 메웠다. 마크 모라노는 보수파 '막말쟁이' 방송인인 러시 림보 밑에서 일하는 것으로 자신의 커리어를 시작했다가 엑손모빌이 후원하는 (지금은 사이버캐스트 뉴스 서비스[CNS]로 불리는) 컨서버티브 뉴스 서비스에 취직했다. 그는 이런 지위를 이용해서 미국 현대 정치사에서 가장 저급한 중상모략 홍보활동 가운데 하나로 기록된 이른바 쾌속정 전술을 출범시켰다. 당시 민주당 대선 후보였던 존 케리가 (베트남전에서 훈장 세 개를 받는 등 탁월한 무공을 세웠다는 주장은 부풀려진 것이라고 빈정거리며) 애국심이 확고한지 의문이라고 비난하는 내용으로, 케리의 기세를 확실히 꺾고 정치적으로 부담을 안기기 위해 고안된 네거티브 선거전술이었다.[58] 이 전술은 유효성을 입증한 셈이다. 케리의 대선 패배에 결정적 빌미를 제공했기 때문이다.

이후로 모라노는 동일한 전술을 기후변화의 격투장에서 그대로 재활용했다. 그는 미국 상원에서 으뜸가는 기후변화 부정론자인 공화당 소속 제임스 인호프 의원의 보좌관이 되어 기후과학의 힘(기후변화 문제에서 대중이 과학자들에 대해 품고 있는 신뢰)을 약화시킨다는 목표 아래 다시 한 번 인격모독과 중상모략의 칼날을 휘둘렀다. 다시 말해서, 기후과학을 상대로 '쾌속정 전술'을 펼친 것이다.

1988년 6월, 당시 NASA 고다드우주연구소의 제임스 핸슨 소장은 숨 막히는 상원 본회의장에서 기후변화가 조만간 우리를 덮칠 것이라고 공언한 첫 번째 기후 과학자로 기록되었다. 이후로도 줄곧 기후변화를 막기 위한 행동을 촉구하는 권위 있는 대변자로 남아 있다. 그 결과 핸슨 역시 화석연료 이익집단들에게 위협적인 존재로 간주되었다. 하지만 무엇이 걱정이랴! 마크 모라노가 지켜줄 텐데….

모라노는 핸슨을 겨냥한 중상모략전에서 그에게 "산업문명

마크

마크 모라노
"[기후과학자들은] 광장에서 매질을 당해도 싸다."

이 이룩한 세상의 종말"과 "도시 파괴", "댐 폭파"를 주장하는 "유나바머"라는 꼬리표를 매달았다. 그는 핸슨이 ("약 먹어야 할 시간"이 아닌지 묻는 수사법을 이용해서) 약간 미친 사람이라고 주장하기도 했는데, 오로지 탄소 배출량을 규제하자고 호소했다는 이유가 전부였다.[59]

우리 둘 중 한 사람(마이클 만) 역시 모라노의 공격을 받아야만 하는 처지로 지내왔다. "정치가 만들어낼 수 있는 최고의 과학"에 책임을 져야 하

는 "돌팔이"라고 불리면서 말이다.**60** 하지만 《월스트리트저널》과 폭스뉴스의 비방, 화석연료산업이 뒷돈을 대는 정치인들의 마녀사냥, 사기꾼이라는 힐난, 유죄 판결이 내려진 어린이 성추행범과 비교하는 2인조 프로레슬러 같은 CEI와 《내셔널리뷰》의 공격을 생각하면, 솔직히 모라노의 언사쯤이야 싱거운 편이다.**61**

진실은 반드시 승리한다

　　　　　　어떤 의미에서 인간의 행동은 늘 실험의 연속이었다. 진보는 이런 실험 위에서 이루어진다. 그러나 실험행위는 예상치 못한 커다란 문제들을 이따금 야기할 수 있고, 그래서 우리는 종종 실패와 시행착오를 겪으면서 새로운 지식을 획득해나간다. 독소나 방사선, 약물의 부작용 등은 몇 가지 사례에 불과하다.

　화석연료를 태우는 행위 역시 또 다른 사례에 해당한다. 감지하기 어렵고, 처음에는 보이지도 않지만, 지금까지 밝혀진 대로, 중대한 결과를 초래할 수 있다. 이제 일산화탄소 같은 유독성 가스의 치명적인 위험성을 모르는 사람은 없다. 이 기체를 통제하기 위한 대책도 마련돼왔다. 이산화탄소는 다른 종류의 위험이다. 일산화탄소가 인간의 건강을 즉각적이고도 심각하게 위협한다면, 이산화탄소는 지구 기후의 안정성을 장기간에 걸쳐서 위협한다.

　그러나 이런 위협들을 이해하고 대처하는 방법은 기본적으로 동일하다. 바로 과학을 통하는 것이다. 우리는 과학을 통해 오염물질의 영향에 대한 이해도를 높이고, 위험을 최소화하려면 무엇이 필요한지 결정할 수 있다.

기후과학은 로켓과학이 아니다. 하지만 기후과학도 과학이다. 그런데 CO_2 사례에서 드러나듯, 대단히 강력한 이익집단들 상당수가 지구라는 행성의 건강을 돌보는 우리 같은 의사들의 처방전을 좋아하지 않는다.

그들은 메시지 그 자체는 물론 (우리가 지금껏 확인한 대로) 메시지의 전달자까지 공격하는 전술로 대응하고 있다. 이는 두 가지 이유에서 근본적으로 불행한 일이다. 첫째, 그들은 이성적이고 시의적절한 대처를 지연시킴으로써 그만큼 상황을 악화시키고 있다. 둘째, 그들은 과학 하는 과정 자체를 공격함으로써 우리가 '모든' 문제를 이해하고 대응하는 메커니즘에 혼란과 좌절을 야기하고 있다. 이는 영어라는 언어의 구조를 공격하고 기초를 허물어서 사람들 사이에 소통이 더 이상 불가능한 지경으로 몰아넣는 행위에 비유할 수 있다.

이와 같이 무분별한 행태는 우리 기후를 위태롭게 하고, 우리 기술문명을 든든한 암반처럼 온전히 떠받치는 과학적 방법론을 위태롭게 하며, 우리 민주적 국가 운영 시스템이 전적으로 의존하는 사실에 기반을 둔 정치적 대화를 위태롭게 한다.

6장

위선자여, 그대 이름은
기후변화 부정론자

만약 위선자란 어떤 사람인지 궁금하다면, 다른 곳을 찾아볼 필요가 없다. 인류가 야기한 기후변화 문제와 관련해 대중적 담론이 어떻게 흘러가는지 주의 깊게 지켜보라.

기관과 어용단체에 자금을 대서 과학을 공격하고 대중을 혼란에 빠뜨리는 관련 산업 이익집단들, TV에 나와서 마구잡이로 떠드는 사람들과 홍보 용병들, 자발적 공범으로 활약 중인 정치인들, 그들의 어젠다에 순종하면서 선전 문구를 대신 낭독하는 언론매체들이야말로 조롱받아 마땅한 위선의 온상이다.

머리를 모래에 파묻다

물론 온갖 위선 가운데 최악의 사례는 기후변화를 부정하는 정치인들의 언행에서 찾을 수 있다. 기후변화의 위협이라는 문제 앞에만 서면 문자 그대로 머리를 모래에 파묻는 정치인들이 많다.

제일 먼저 떠오르는 사례가 있다. 2012년 공화당 소속의 유력한 대선 후보 미트 롬니가 유세 막바지에 '해수면 상승'을 걱정하는 오바마 대통령을 조롱한 사건이다. 참으로 부적절한 시점이었다. 슈퍼폭풍 샌디가 상륙해서 재앙을 몰고 오기 바로 몇 주 전이었기 때문이다. 오바마 대통령과 크리스 크리스티 주지사(공화당, 뉴저지 주)는 허리케인이 할퀴고 지나가 폐허가 된 뉴저지 해변을 함께 둘러보았다. 선거가 다가오는 상황에서 양당이 손잡고 불굴의 의지와 헌신성을 보여준 상징적인 장면이었다. 지구 해수면의 상승은 25평방마일(65평방킬로미터)의 피해 면적과 적어도 20억 달러의 피해액을 추가로 발생시켰다.

이번에는 버지니아로 시선을 옮겨보자. 노퍽은 세계 최대 해군기지가 자리 잡은 항구이자 국가 경제에 크게 기여하는 도시다. 그런데 햄프턴로즈 항만 일대의 경우 50년마다 1피트(30센티미터)씩 상승하는 해수면과 폭풍해일이 만조 때 결합해 홍수가 빈발하면서 이미 기후변화의 어두운 그림자가 짙게 드리운 상태다.

2012년 버지니아 주의회에서 햄프턴로즈 지역구 의원들이 해수면 상승의 잠재적 충격을 연구하기 위한 주정부 예산을 요구했다. 그러자 '티파티 공화당원'들이 부당하다고 목소리를 높였다. 그들이 느끼기에 기후변화나 해수면 상승 같은 어휘는 "진보주의자 특유의 표현"이었다. 결국 이런 용어를 정치적으로 중립적인 "반복적인 홍수"라는 문구로 대체한 뒤에야 해당 연구는 (기후변화 부정론자인 주지사 밥 맥도넬을 비롯한) 버지니아 주 공화당원들의 허락을 맡을 수 있었다.[1]

다음으로 버지니아 주 법무장관을 지낸 켄 쿠치넬리가 있다. 쿠치넬리

날씨 예보

일요일	월요일	화요일	수요일	목요일	금요일	토요일
엄청난 홍수	엄청난 폭염	엄청난 토네이도	엄청난 산불	엄청난 폭설	엄청난 가뭄	예상 가능한 반응

모래가 훨씬 더 많이 필요하겠어.

역시 '티파티 공화당원'으로, 몇 년 전에 버지니아대학교를 상대로 소송을 벌였던 사람이다. 정부가 이 대학의 교수 한 명(이 책의 공저자인 마이클 만)에게 기금을 제공해 기후변화 문제를 연구하게 했다는 이유에서였다.(물론 자연과학 분야의 거의 모든 연구가 정부로부터 기금을 받는다.)

쿠치넬리는 (원래 의료보험 관련 사기범죄를 캐기 위해 마련된 민사 소환장인) 이른바 강제자료요구서를 발급하면서 해당 교수가 전 세계 30명이 넘는 기후과학자들과 사적으로 주고받은 이메일 전부를 제출하라고 요구했다. 미국 전역의 주요 과학 및 학술 단체와 기관들은 쿠치넬리가 (자신에게 돈을 주는 세력이 불편하게 여기는 것으로 입증된 연구 성과를 내놓은) 해당

학자를 협박하려는 의도가 명백하다면서 버지니아대학교가 이에 저항해야 한다고 주장했다. 그러자 대학 측은 외부 변호인을 고용해 소환장의 합법성을 다투었다. 《워싱턴포스트》와 소속 시사만평가(이 책의 공저자)인 톰 톨스처럼 훌륭한 언론인들은 이 사건을 보도하면서 쿠치넬리의 '마녀사냥'을 비판하고 조롱했다.[2]

쿠치넬리는 하급심에서 패소했다. 재판부가 쿠치넬리가 제출한 40쪽이 넘는 서류에서 "그 어떤 범죄행위의 근거"도 찾지 못했다며 배척했기 때문이다. 쿠치넬리는 이 사건을 버지니아 주 대법원으로 끌고 갔지만, 결국 편견으로 물든 쿠치넬리의 주장에 대한 하급심 판단의 적법성을 재확인하는 데 그치고 말았다. 바꾸어 말하면, 판사들은 권력을 남용하려는 고위 관료의 시도를 용납하고 싶지 않았던 것이다.[3]

어느새 패배의 상처를 훌훌 털어버린 쿠치넬리는 2013년 버지니아 주지사 선거에 출마했다. 쿠치넬리의 공격을 받았던 과학자는 쿠치넬리의 경쟁자 테리 매컬리프 편에 서서 칼럼을 게재하고, 인터뷰에 나서고, TV 선거광고에 참여하는 등 선거유세 과정에서 중요한 역할을 담당했다. 그는 7월 초 사흘에 걸친 '과학주간' 유세 현장에 매컬리프와 동행했고, 9월 초에는 유세장 연단에 올라 매컬리프와 전직 대통령 빌 클린턴 곁에 섰다.

쿠치넬리는 토머스 제퍼슨이 세운 대학교를 공격한 행적으로 인해 버지니아 유권자들의 반감을 산 것이 분명하다. 매컬리프가 승리했기 때문이다. 실직자로 전락한 쿠치넬리는 (체사피크 만에 있는 섬으로 지구적 해수면 상승 탓에 서서히 침수당하고 있는) 탕헤르 섬에 굴 양식장을 오픈했다.[4]

선거가 무슨 소용이냐고 말하는 사람은 가만두면 안 된다. (훗날 부패 혐의로 기소돼 징역형을 선고받은)[5] 밥 맥도넬은 주지사로 재직하던 2010년 버지니아 기후변화위원회를 해체함으로써 기후 문제를 아예 땅속에 파묻어버리려고 시도했다.[6] 민주당 소속 테리 매컬리프가 2014년에 주지사로서 처음 내놓은 조치들 가운데 하나는 이 위원회를 되살리는 것이었다. 마이클 만은 이 위원회 위원으로 초빙을 받았다.

이런 상황이 버지니아 주만의 문제라고 생각한다면, 생각을 바꾸어야 한다. 버지니아 주 남쪽에 인접한 노스캐롤라이나 주 역시 최근에 놀랍도록 비슷한 반과학 열병을 치렀다. 공화당 소속 의원들이 해수면 상승의 가속화를 예상하는 기후모형을 불법화하려고 시도했기 때문이다.[7] 어쩌면 대서양 허리케인, 특히 스페인 이름이 붙은 허리케인의 상륙을 불허하는 후속 조치가 나올지도 모르겠다.

하지만 모래에 머리 파묻기 대회의 우승 트로피는 단연코 플로리다 주의 몫이다. 플로리다는 해안선의 길이가 1,200마일(1,932킬로미터)에 이르고 (언제가 될지는 불확실하지만 지금부터 철저히 대비해야 하는)[8] 해수면 상승이 10피트(3미터)만 이루어져도 500만 명이 넘는 주민들이 대피해야 하는 곳이어서 기후변화의 직격탄을 맞아 큰 피해를 당할 가능성이 다른 어떤 주보다 높다. 이와 같은 위협에 대비해 주지사 릭 스콧은 어떤 계획을 세웠을까? 기후변화나 지구온난화라는 용어를 주정부의 공식적인 홍보 채널이나 인쇄물에서 쓰지 못하게 금지하는 것이었다.[9] 연방 상원의원이자 대선 후보 경선에 출마한 바 있는 마르코 루비오 역시 마찬가지였다. 기후변화에 대처하는 그의 접근법은 과학자들을 공격하고, 인간이 지구온난화를 야기했다는 개념 자체를 부정하며, 정책적 대안 마련과 실행에 무조건 반대하는 것이었다.[10]

기후변화 부정론에는 경계선이 없다

기후변화 부정론은 해안을 보유한 주만 점령한 것이 아니다. 어떤 측면에서는, 오히려 내륙으로 들어갈수록 목소리가 한층 강해진다. 제임스 인호프 상원의원(공화당. 오클라호마 주)을 살펴보자. 그는 엑손모빌이나 코크 형제 같은 화석연료 이익집단들로부터 오랜 세월 막대한 자금을 받아온 인물이다.[11] 아마도 인호프는 기후변화가 "미국 대중을 상대로 저질러진 역사상 가장 엄청난 날조극"이라고 선언하고는 지구온난화가 일어나지 않는 가시적인 증거라면서 상원 의사당 바닥에 눈뭉치를 가져다놓은 사람으로 더 유명할 것이다.[12]

인호프는 지난 몇 년 동안 상원 환경·공공사업위원장을 지내면서 기후변화의 과학적 근거가 틀렸음을 밝히기 위해 수많은 청문회를 개최했다. 2003년에는 우리 둘 중 하나(마이클 만)가 업계의 돈을 받는 두 명의 기후변화 부정론자(그중 한 명은 제5장에서 언급한 윌리 순)와 함께 청문회에 출석해 기쁜 마음으로 증언에 나섰다.[13]

하지만 무척 인상적인 장면이 연출된 때는 그로부터 2년 뒤인 2005년 9월에 인호프가 개최한 청문회였다.[14] 1)과학자들은 1970년대에 빙하기가 임박한 것으로 예상했다는 둥(틀렸다. 그런 적이 없다), 2)주요 과학적 연구 성과들은 과학자 개인의 독립적인 판단으로 계승된 것이 아니라는 둥(틀렸다. 대단히 독립적인 판단이었다), 3)1주일 뒤 날씨도 예측이 불가능한 마당에 기후를 어떻게 예상하느냐는 둥(이 말은 우리가 내년 1월 15일에 눈이 내릴지 말지 알 수 없으므로 겨울이 온다는 예상도 불가능하다고 단정 짓는 것과 마찬가지다), 인호프와 다른 증인들이 앵무새처럼 되풀이한 진부한 신화들 때문에 그 청문회가 특별히 인상적이었던 것은 아니다.

그랬다. 부정론자들이 늘어놓은 상투적인 주장들은 그다지 흥미롭거나 인상적이지 않았다. 정작 인상적이었던 점은 인호프가 선택한 '증인들'이었다. 그중 한 사람은 은퇴한 허리케인 전문가 빌 그레이로, 열대기상학의 기초를 세우는 데 이바지한 공로로 오랜 세월 제자들의 존경을 받아온 학자였다.[15] 하지만 자신의 전문 분야가 아닌 (기후변화 같은) 영역을 다소 민망하게 넘나드는 인물로도 알려져 있었다.[16] 그래도 그레이는 적

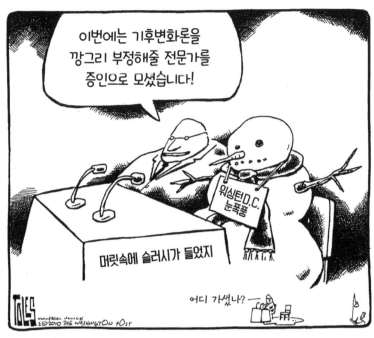

어도 기후과학에 관한 한 옆자리에 앉은 다른 증인에 비해 훨씬 신뢰가
가는 편이었다. 그 증인은 바로 『쥬라기 공원』 같은 공상과학소설로 유명
한 작가 마이클 크라이튼이었다.

크라이튼은 청문회에 출석하기 얼마 전에 (얄팍한 기후변화 부정론을 액
션 어드벤처 소설이라는 외피로 감싼) 『공포의 제국』이라는 소설을 출간했는
데, 그 책 덕분에 인호프의 마음을 사로잡은 것이 분명했다. 인호프가 자
신의 주장을 입증하기 위해 (개구리 DNA를 이용해서 공룡을 되살리는 발상으
로 유명한) '공상'과학소설가에게 의지하는 모습은 지적 파산 상태를 암묵
적으로 인정하는 것처럼 보였다. 본인 스스로도 무심코 내뱉은 말로 그런

사실을 자인하는 듯했다. 청문회를 마치면서, 일말의 거리낌도 없이, 기후변화에 관한 한 자신은 "느긋하게 기대앉아서 비과학적인 시선으로 바라보는 것"을 선호한다고 했으니 말이다.[17]

2011년 7월, 인호프는 지구온난화 부정론을 주제로 내세운 하트랜드연구소의 연례 회의에서 기조연설자로 연단에 서기로 약속했다. 하지만 직전에 취소해야 했다. 자신의 지역구인 오클라호마의 어느 호수에서 수영한 뒤 앓아누웠기 때문이다. 그해 오클라호마가 겪고 있던 전례 없는 더위와 가뭄 탓에 (과학자들이 기후변화와 관련지었던) 심각한 녹조 현상이 발생한 호수였다.[18]

마지막으로, 미국 하원에서 인호프의 이념적 동지로 활동하는 인접 텍사스 주의 조 바튼을 살펴보자. 상원에 인호프가 있다면, 하원에는 바튼이 있다. 역시 화석연료업계로부터 오랜 세월 목돈을 챙겨온 바튼은 하원에너지·상업위원장을 역임했다. 환경과 관련한 발언이 워낙 암울한 것으로 유명해서 '스모키 조'라는 별명까지 붙을 정도였다.

바튼은 기후변화 부정론에 대단히 정통함을 스스로 입증해왔다. 그가내놓은 최고 히트작들로는 "과학은 결론이 나지 않았고, 게다가 (…) 실은 다른 방향을 가리키고 있다", "사실 우리는 온도가 떨어지는 시기에 접어들고 있는지 모른다", "CO_2는 증가하지만, 그렇다고 해서 (…) 기온이 반드시 상승하는 것은 아니다" 등을 꼽을 수 있다.[19] 2006년에는, 지금은 신뢰를 완전히 상실한 보고서를 의뢰하기도 했다. 하키스틱 곡선을 공격하는 보고서였다.[20]

그러나 조 바튼을 유명하게 만든 가장 중요한 계기는 2010년 7월 브리티시 페트롤리움BP에 바친 악명 높은 사과문이었다. 그해 4월, 바튼은

'스모키 조' 바튼
"과학은 결론이 나지 않았고, 게다가 다른 방향으로 나아가고 있다. (…) 사실 우리는 기온이 떨어지는 시기에 접어들고 있는지 모른다."

막대한 양의 원유를 멕시코 만에 유출시킨 딥워터 호라이즌 호 사건이 헤아릴 수 없는 환경 피해를 초래한 사실을 들어 많은 사람들이 BP 측에 책임을 물어야 한다고 주장하는 현실이 못내 마음에 걸린 모양이었다.[21] 당시 우리 둘 중 한 사람(톰 톨스)은 아마도 바튼이 "고마움을 모르는 식민지 백성들"을 대신해 영국 왕 조지 3세에게 사죄하고 싶었던 게 아니겠냐고 추측한 바 있다.[22]

이듬해 내내, 텍사스 주는 기후변화가 가중시킨 전례 없는 가뭄으로 25%의 소를 잃었고 농업이 황폐화되었다. 하지만 화석연료산업에 애정을 품고 있던 스모키 조가 기후변화에 대한 생각을 조금이라도 바꾸려고 애썼는지는 의문이다.

가장 파괴적인 축에 드는 기후변화의 충격들로 고통받는 텍사스의 환경 현실과 조 바튼, 릭 페리, 테드 크루즈 같은 선출직 관료들 상당수를 감염시킨 기후변화 부정론의 이례적으로 강력한 변종 사이에는 실로 놀라운 불일치가 존재한다. 테드 크루즈 이야기를 해보자. 2015년 파리 기후변화회담이 끝나갈 무렵, 크루즈는 상원 우주·과학·경쟁력소위 위원장이라는 자신의 지위를 이용해서 기후변화의 과학적 근거를 공격했다. 공화당 예비선거 과정에서 결정적 시기이기도 했던 이때, 코크 형제 같은 거물급 후원자들의 비위를 맞추려는 의도였을 것이다.

2015년 12월, 크루즈는 '데이터인가, 도그마인가? 인류가 기후에 미친 충격의 규모에 관한 논쟁에서 자유로운 탐구를 촉진하기 위하여'라는 제목으로 상원 청문회를 개최했다.[23] 진부한 비난을 일삼는 기후변화 부정론자들을 한자리에 불러 모아 떠들썩한 잔치를 벌인 셈이었다. 주된 내용은 1) 지구의 온도가 실제로는 올라가는 것이 아니고(틀렸다. 올라가고 있다), 2)기후과학자들이 데이터를 왜곡하고 있으며(틀렸다. 왜곡하지 않는다), 3) 기후과학계가 반대하는 과학자들을 검열하고 있다(틀렸다. 과학계는 나쁜 과학을 혐오하지만 타당하고 참신한 생각은 높이 산다)는 것이다. 그는 기후변화 부정론자 세 사람을 증인으로 모셔와 주류 기후과학계를 공격하도록 부추기면서 상대편 증인으로는 오직 한 사람만 배정했다. 기후변화가 사실이고 인류가 초래했다는 점에 97~99%의 과학자들이 동의하는 현실을 고려하면 자못 놀라운 불균형이 아닐 수 없다.[24] 해당 소위원회의 유력 인사인 에드워드 마키 의원(민주당, 매사추세츠 주)은 "대체 오늘 청문회를 개최한 이유가 무엇인지 모르겠다. 정작 진지한 과학적 조사가 필요한 지점은 이 문제"라는 지적으로 이날의 사정을 적확하게 요약했다.[25]

하지만 크루즈의 노력은 하원 과학·우주·기술위원장 라마 스미스(공화당, 텍사스 주) 때문에 빛이 바래고 말았다. 스미스는 위원장 재임기간에 1)미국과학재단의 지구과학 분야에 대한 예산 지원을 끊으려 노력했고, 2)과학 분야 전문가들 대신 자기 같은 정치인들이 예산 지원 대상인 과학 분야를 결정하도록 재단 내 동료평가 과정을 뜯어고치려 들었으며, 3) 제품의 위험성을 고의로 은폐하는 화석연료 이익집단들도 담배산업과 똑같은 방식으로 책임져야 한다고 주장하는 공개서한에 이름을 올린 기후과학자들을 조사하겠다고 위협했고, 최근에는 4)해양대기청NOAA 소속 중견 과학자들에게 개인 이메일의 제출을 요구하는 소환장을 발부했다. "지구온난화가 멈추었다"는 부정론자들의 저 유명한 거짓 주장을 반박하는 해당 학자들의 연구 결과에 동의할 수 없다는 이유에서였다.[26]

아직은 때가 아니다?

기후변화에 대해 이야기하기에 적당한 때가 언제일까? 기후변화 부정론자들의 말을 듣자면, 그런 때는 절대 오지 않을 것이 분명하다.

1969년 오하이오 주 쿠야호가 강에서 불이 났다. 그 사건은 공기와 물의 오염에 대한 사회적 인식이 뒤바뀌는 일종의 티핑 포인트였다. 대기와 수질의 오염 수준이 높아지면서 위기 상황에 도달했다는 광범위한 인식 전환이 갑작스럽게 이루어진 것이다. 그로부터 몇 년 사이에 우리는 청정대기법과 청정수질법이 의회에서 통과되는 장면을 지켜보았다. 사람들이 발언하고 정책결정자들이 귀를 기울인 결과다.

기후변화의 경우에는 쿠야호가 사건 같은 계기가 아직 찾아오지 않은 것일까? 2005년에 겪은 허리케인 카트리나 정도로는 초대형 폭풍의 점증하는 위협을 직시하기에 모자랐던 것일까? 미국에서 공화당 지지율이 가장 높은 텍사스 주 사람들이 느끼기에 2011년 가뭄쯤은 이제 그만 눈을 뜨라는 경고로 삼기에 부족했던 것일까? 2012년 여름에 찾아온 전례 없는 폭염과 가뭄, 걷잡을 수 없는 산불로는 우리에게 문제가 있다는 사실을 깨닫기에 충분치 않았던 것일까? 선거를 치르던 해에 뉴욕 시와 뉴저지 해안을 강타한 슈퍼폭풍 샌디는 어떨까? 아직도 미흡한가? 미국에서 인구가 가장 많은 캘리포니아 주의 어마어마한(적어도 1,200년 만에 닥친 최악의) 가뭄은 어떨까?

그래도 멀었나? 아니다. 이 정도면 차고 넘친다.

아, 그 어떤 기상이변도 대중의 경각심을 촉발시키고 행동으로 이끌기에 충분할 정도의 재앙일 수는 없는가 보다. 부분적으로는 미국 사람들이 어떤 문제에 관심을 집중하는 시간이 예전보다 확실히 줄어든 탓도 있다. 여기에는 24시간 뉴스 사이클이 몇 바퀴만 돌아가도 사람들 사이에 계속 회자되는 이야기가 거의 사라지는 현대 미디어 환경이 상당한 원인을 제공한다. 이런 분위기는 기후변화처럼 서서히 증가하는 위협에 대한 사회적 인식 수준을 높이는 데 걸림돌로 작용한다.

그러나 이런 현상은 비교적 작은 문제에 불과하다. 더 큰 문제는 특정 이익집단들과 그들의 명령을 받들어 진보주의자들이 대중에게 진실을 설명할 어떤 기회도 얻지 못하도록 가로막는 사람들이 일심동체로 움직인

다는 사실이다.

화제가 슈퍼폭풍 샌디가 되었건, 샌디 혹 초등학교 총기 난사사건이 되었건 간에(다시 말해서, 우리 기후의 위기가 되었건, 우리 학생들의 위태로운 안전이 되었건 간에), 기득권을 가진 강력한 이익집단들(전자는 화석연료 이익집단, 후자는 미국총기협회)은 현재 상태 그대로를 아주 행복하게 즐긴다. 아무것도 변하지 않기를 바랄 뿐이다. 대중적 깨달음의 순간이 찾아올 때마다 그들이 우물에 독약을 푸는 식의 논리적 오류마저도 기꺼이 감수하는 이유가 여기에 있다.

기후변화에서 깨달음의 순간들은 아주 많아 보인다. 가뭄, 폭풍, 폭염, 폭우 같은 기상이변이 기후변화로 인해 전례 없이 파괴적이고 극단적이며 역사에 남을 만한 양상을 보이고 있는 데다, 우리가 상황에 대처하는 현재의 방식을 버리지 않으면 사태가 더더욱 악화할 조짐이 나타나고 있기 때문이다.

이와 같은 현상들은 기후변화가 현실적으로 의미하는 바가 무엇인지 강력한 이미지들로 보여준다. 대중과 원활히 소통하는 과학자들은 기후변화가 오늘날 우리 평범한 사람들의 일상에, 삶의 터전과 일터에 벌써부터 어떤 충격을 가하고 있는지 설명할 때 이런 이미지들을 십분 활용하고 있다. 북극곰이나 하키스틱처럼 기후변화를 상징하는 요소들과 마찬가지로, 이미지의 강력함은 기상이변을 (대중의 무관심을 바탕으로 정책적 행동을 가로막는 사람들에게) 위험 요소로 만든다.

기후변화와 극단적인 기상이변의 연관성이 거론될 때 기후변화 부정론자들이 가장 맹렬하게 공격을 퍼붓는 이유가 여기에 있다. 기후과학자들은 그런 가능성(이를테면, 기후변화가 슈퍼폭풍 샌디의 충격을 악화시켰을 가능성)을 제기하기만 해도 (과학적 근거가 한층 확고해지는데도 불구하고) 비난과 조롱에 시달린다.[27] 부정론자들은 우리가 기후변화를 이야기하면서 샌디를 거론하면 "비극을 악용하는 발언"이라고 비난한다. 두 달 뒤에 터진 (반자동 소총을 손에 넣은 어느 정신이상자가 초등학생 20여 명의 목숨을 앗아간) 샌디 훅 초등학교의 비극을 보면서 총기 규제를 거론하는 사람들에게 "비극을 악용하는 발언"이라고 비난한 세력들처럼 말이다. 이런 식으로 되받아치는 어법에 이름을 붙여주자. '샌디의 침묵'이라고.

여기서 '침윤' 현상이 자연스럽게 고개를 든다. 기상이변이 발생할 때마다, 의심의 목소리가 합창단의 힘찬 노래처럼 울려 퍼지기 때문이다. 단원들은 자신을 '전문가'라고 소개하면서 TV 카메라 앞에 등장해 기후변화는 아무런 영향도 미치지 않았다고 힘주어 말하곤 한다. 자칭 '정직한 중재자'라는 이들은 공론의 장에 뛰어들어 '비평가'라는 한 차원 높은 지위까지 자신들에게 부여한다. 일석이조가 아닐 수 없다. 그러나 대개는 사회에 악영향을 미치는 사람들이다. 사회는 정직한 과학자들이 위험을 올바르게 평가한 결과를 정책 결정에 현명하게 반영해야 제대로 굴러갈 수 있다.

교묘한 속임수가 등장하는 경우도 꽤 있다. 현재 캘리포니아가 겪고 있는 기록적인 가뭄을 예로 들어보자. 어떤 과학자들은 희박한 강수량을 야기하는 대기 순환의 양상이 과거에도 분명히 존재했다고 주장하면서 기후변화가 가뭄에 영향을 미쳤을 가능성은 전혀 없다고 부인해왔다. 그러나 이런 주장은 적은 강수량과 기록적인 더위가 동시에 발생해서 이처럼 전례 없는 가뭄을 초래했다는 사실, 나아가 이와 같은 조건들이 동시에 발생하는 현상을 기후변화와 확실히 관련지을 수 있다는 사실을 무시

하는 것이다.[28]

그렇다면, 기후변화에 대해 말하기에 좋은 때란 없다는 원칙에도 '예외'가 존재하는 것이 분명하다. 물론 부정론자들에 대한 이야기다. 그들이 느끼기에 기후변화에 관한 이야기를 하기에 좋은 때란 우리가 진보의 가능성을 모색할 수 있을 때, 또는 어떤 이슈가 (비유적으로, 또는 문자 그대로) 활활 타오를 때다. 다시 말해서, 지평선 너머로 한 줄기 희망이 우리를 비출 때, 이 순간이 바로 부정론자들이 기후변화에 대해 무언가 이야기하고 싶어 하는 때다. 하지만 안타깝게도 여러분이 원하는 그런 내용은 아닐 것이다.

기후게이트의 실상

2009년 기후대책 옹호론자들은 한껏 부푼 가슴을 안고 코펜하겐에서 열리는 기후변화회의로 향했다. 심지어 어떤 사람들은 이 회의를 '호펜하겐Hopenhagen'이라고 명명하기도 했다. 기후변화가 사실일 뿐 아니라 심각한 문제라는 과학적 근거가 그 어느 때보다 분명한 시점이었다. 허리케인 카트리나 같은 기상이변들에 뒤이은 터였고, 2006년 앨 고어의 책『불편한 진실』이 성공을 거둔 상황이어서, 문제 해결을 위한 행동에 나서야 할 때라는 인식이 대중적으로 팽배해 있었다. 코펜하겐은 우리가 드디어 돌파구를 만들어낼 곳, 지구촌 각국이 마침내 힘을 합해 인류가 야기한 기후변화의 실재하는 위협을 직시할 곳이었다. 하지만 그러지 못했다.

기후행동에 반대하는 세력은 요지부동이었다. 도리어 그 어느 때보다 강력한 결속력을 자랑하면서 냉소적인 허위정보 유포작전을 지속적이고 도 효과적으로 펼쳤다. 그리고 회의 개최일 몇 주 전, 기후변화에 대한 우려를 뒷받침하는 과학적 근거의 대중적 신뢰를 허물어뜨리기 위한 노력의 일환으로 가짜 '스캔들'을 조작했다. 이 중요한 시점에 대중과 정치인들의 주의를 다른 곳으로 돌리겠다는 전략이기도 했다. 그들은 치밀하게 조작한 허구의 산물에 '기후게이트Climategate'라는 사건명을 붙이고는 관련 산업 이익집단들과 돈을 받은 사냥개들과 보수적인 언론매체들의 공조를 통해 앞뒤 사정을 잘 모르는 대중에게 떠안겼다.[29]

그해 늦여름 영국 어느 대학의 컴퓨터 서버에서 전 세계 기후과학자들 사이에 오고 간 이메일 수천 통이 해킹을 당했다. 해당 이메일의 내용은 몇 달에 걸쳐서 이 잡듯이 조사당한 끝에 접근이 용이한 아카이브 형태로 정리되었다. 문맥상 악의적이지 않은 단어와 문구들이 원래 문맥과 관계없이 (예컨대, "장사의 비결trick of the trade"에서 '트릭'이라는 단어를 추출하는 식으로) 뽑혀 나왔다. 특정 문맥에서 선별적으로 분리당한 단어와 문구 들은 과학자들이 애초에 말하고자 했던 내용을 왜곡하는 방향으로 악용되었다. 기후과학 부정론자들로서는 마침내 스모킹 건을 손에 넣은 셈이었다. 그들은 외쳤다. 과학자들 스스로 기후변화가 한 편의 거대한 사기극임을 인정하고 있었다! 데이터를 가공했다! 기후과학자들이 대중을 상대로 사기를 치려고 공모했다!

코크 형제와 결탁한 어용단체들, 그리고 스티븐 밀로이처럼 업계의 돈을 받은 부정론자들이 이처럼 터무니없는 거짓말을 퍼뜨리는 사이, 우익 언론매체들(특히 루퍼드 머독이 소유한 폭스뉴스와 《월스트리트저널》 같은 매체들, 그리고 《드러지리포트》나 러시 림보처럼 다소간 오염된 정보원들)은 확성기 노릇을 기꺼이 도맡아 거짓 혐의와 중상모략과 기후변화에 대한 거짓말로 지상파 및 케이블 TV를 도배했다.

하지만 9곳이 넘는 미국과 영국의 조사기관들은 과학자들이 부정을 저지르지 않았다고, 데이터를 왜곡하는 등 기후변화의 과학적 근거들과 관련해 대중을 기만하려는 시도가 전혀 없었다고 결론지었다. 결국 유일한 범법행위는 이메일을 도둑질한 범죄가 전부였다. '기후게이트'라는 사건명이 유래한 워터게이트 스캔들의 경우 그 내용이 아니라 문서의 도둑질이 문제가 되었던 점을 감안하면, 씁쓸한 아이러니가 아닐 수 없다.

범인들은 행방이 묘연했고, 끝내 붙잡히지 않았다. 그러는 사이에 기후변화 부정론자들은 가짜 스캔들을 실컷 우려먹으면서 이미 부서지기 쉬운 상태에 빠진 코펜하겐 정상회담의 성과들을 파괴하려고 덤벼들었다.

사우디 측 기후변화협상단 수석대표 모하메드 알 사반은 도난당한 이메일이 협상 과정에서 "엄청난 영향"을 미쳤다고 단언하면서 충격적인 발언을 내놓았다. "스캔들의 세부적인 내용을 들여다보면, 인류의 행위와 기후변화 사이에 어떤 관련성도 존재하지 않는 것으로 보인다."[30]

미국의 우익 정치인들은 뛸 듯이 기뻐했다. 일례로, 기후변화의 압도적인 과학적 근거를 "날조극"이라고 손가락질한 저 악명 높은 제임스 인호프가 '진짜' 날조극인 기후게이트를 지체 없이 악용하려고 서둘렀으니, 우습고도 얄궂은 역설이 아닐 수 없다. 그는 기후과학계에 뒤집어씌운 거짓 혐의를 이용해 (국가과학상 수상자인 MIT의 수전 솔로몬과, 그렇다, 이 책의 공저자 마이클 만을 포함한) 과학자 17명에 대한 범죄 수사를 촉구했다.

당연한 이야기지만, 새러 페일린 역시 싸움판에 뛰어들었다. 그는 9일일정으로 개최된 코펜하겐 기후변화회의가 이틀째로 접어들었을 때《워싱턴포스트》에 칼럼을 기고했다. 훔친 이메일에서 문맥과 동떨어진 토막들을 긁어모아 기후과학자들에게 적용한 거짓 혐의들의 기나긴 목록을 소개하는 내용이었다. 이를테면, 해킹당한 이메일들을 통해 "주류 기후 '전문가'들이 기록을 일부러 파괴했음을 알 수 있다"고 잘라 말하는 식이었다.**31** 그 주장은 새빨간 거짓말이었고, 전문가라는 단어 앞뒤로 찍은 따옴표 역시 수상한 뉘앙스를 자아내기에 충분했다.

페일린은 나중에 "관련 이메일의 대부분은 분명 대중적으로 읽히려는 의도가 아니었다"고 인정했고 "문맥에서 분리해낼" 경우 의미가 왜곡될 수 있다고 시인했다.**32** 그런데 이 말은 '자신'의 이메일에 대한 이야기였다. 자신이 알래스카 주지사로 재직하던 시절에 법안이 제출된 정보공개법에 의거해 {언론 및 시민의 정보공개 청구에 따라 알래스카 주정부에 의해} 공개된, 자신의 공식 이메일과 관련한 언급이었다.

새러 페일린

새러 페일린
"이번 세기에 기후변화가 던지는 메시지는 지난 세기에 우생학이 던졌던 메시지와 같다."

불공정하고 불균형한 언론

우리가 지금까지 살펴본 대로, 언론은 기후변화 부정론에 힘을 실어주는 역할을 수행해왔다. 여러 잘못 가운데 하나는 언론의 '그릇된 균형론'이다. 기자들은 언론학개론을 공부하면서 나쁜 버릇이 들었다. 바로 기후변화처럼 정치적으로 민감한 이슈들을 접할 때면 주류 관점과 대등한 지위를 주변 관점에 부여하는 버릇이다. "양측 모두를 공평하게 다루라!"고 배운 탓인데, 이런 태도는 과학과 반과학 사이의 다툼을 중재하는 데서 대단히 게으른 접근법이다. 과학이라는 문제에서 모든 관점이 동등할 수는 없다. 객관적인 사실이 존재하기 때문이다. 지구는 둥글고, 진화는 두 눈으로 똑똑히 관찰할 수 있는 사실이며, 기후변화는 사실이고 인류가 야기했다. 여러분이 이런 생각을 좋아하는지 여부와 관계없이 사실이다. 대중과 소통하는 능력이 탁월한 과학자 닐 디그래스 타이슨의 표현을 빌리자면, 과학이 그토록 대단한 이유가 여기에 있다.

하지만 언론의 고질병인 그릇된 균형론은 대중적 논의의 양극단화와 정보원의 분산이 점차 심화하면서 꾸준히 악화되었다. 완고한 우파 메아리방(echo chamber. 자기편의 메시지만을 취사선택해서 반복적으로 확대 재생산하는 현상)이야말로 가장 대표적인 사례일 것이다.

대다수 보수파 정치인들은 "공정하고 객관적인 언론"을 자임하는 폭스뉴스 같은 매체를 통해 정보를 획득한다. 그러나 우리가 터득한 경험 법칙에 따르면, 어떤 방송사가 묻지도 않았는데 "균형 잡힌 공정 언론"이라고 주장할 필요가 있다는 사실은 아마 공정하지도, 객관적이지도 않다는 반증일 것이다. 기후변화에 관한 한, 폭스뉴스는 물리학의 법칙이 더 이상 적용되지 않는 완전히 새로운 우주를 건설해왔다. 그들에게 온실효과는 신화일 뿐이고, 기후변화란 음흉한 과학자들이 북극곰, 빙하, 해수면, 슈퍼폭풍, 지독한 가뭄 따위를 마구잡이로 갖다 붙여서 꾸며낸 날조극에 불과하다.

폭스뉴스만 문제인 것은 아니다. 루퍼드 머독의 미디어 제국 '뉴스코퍼' 전체(《월스트리트저널》을 비롯해 미국의 《뉴욕포스트》부터 영국의 《선》과 《타임스》, 호주의 《오스트레일리언》과 《헤럴드선》에 이르기까지 전 세계 10여 개 신문사)가 기후변화 부정론의 허위정보를 오랜 세월 유포해왔다.

머독 본인도 누구 못지않은 기후변화 부정론자다. "북대서양 얼음 위로 300마일을 날아가보라. 지구온난화라니!"[33], "기후변화란 지구가 탄생한 이래로 줄곧 나타난 현상이고, 기후는 앞으로도 조금씩 변할 것이다.", "해수면이 6인치 상승한다면 (…) 우리는 그것을 완화시킬 수도, 막을 수도 없다. 우리는 그저 해변에 커다란 저택을 더 이상 안 지으면 된다."[34]는 등 지혜로운 발언을 유쾌하게 남발하면서 말이다.

루퍼드 머독
"기후변화란 지구가 탄생한 이래로 줄곧 나타난 현상이다. 기후는 앞으로도 조금씩 변할 것이다. 우리가 막을 방법은 없다."

더욱이 뉴스코퍼에서 머독과 근소한 차이로 2대 주주에 올라 있는 회사가 사우디 왕실 소유로 알려진 킹덤홀딩이다. 세계 최고의 석유재벌이자 2009년 조작된 기후게이트 스캔들을 악용해 코펜하겐 기후변화회의를 망친 바로 그 사람들이다.

폭스뉴스가 가짜 기후게이트 스캔들을 끊임없이 보도한 사실과 《월스트리트저널》이 코펜하겐 회의를 앞두고 기후게이트를 주제로 한 칼럼과 사설을 몇 주에 걸쳐 여섯 차례나 내보낸 사실은 우연의 일치일 리 만무하다.

폭스뉴스와 머독의 미디어 제국은 사세를 확장해서 최근에는 (전 세계 과학 옹호자들에게 실망을 안겨준) 《내셔널지오그래픽》까지 거느리게 되었다.[35] 여기에 《드러지 리포트》, 《워싱턴타임스》, 《브레이트바트뉴스》, 《내셔널리뷰》 같은 우익 신문과 사이비 매체들은 물론, 러시 림보와 글렌 벡

같은 우파 라디오 쇼 진행자들까지 합세시켜 기후변화 부정론과 허위정보를 퍼뜨리고 있다. 그리고 이들은 캔자스 출신의 두 형제로부터 도움을, 그것도 아주 큰 도움을 받아왔다.

코크 한 잔 마시고 웃어요!

프레드 C. 코크는 20세기 초 정유사업으로 큰돈을 벌어들인 미국 사업가다. 그는 미국에서 특허 침해로 소송을 당한 뒤, 소련에 정유공장을 차렸다. 지적재산권이라는 것이 존재하지 않는 나라였기 때문이다.[36] 《뉴요커》의 제인 메이어 기자에 따르면, "코크는 고국에서 성공할 수 없게 되자 소련에서 돈벌이를 찾았다". 코크는 스탈린 정권이 정유공장 15곳을 차리는 데 이바지하기에 이르렀다. 하지만 메이어에 따르면, 머지않아 "스탈린이 코크의 현지 동업자 몇 명을 잔혹하게 제거했다. 코크는 그 사건으로 큰 충격을 받았고 동업 관계를 맺은 것을 후회했다".[37]

코크는 소련에서 벌어들인 돈을 가지고 미국으로 돌아와서 1940년에 우드리버 정유사를 세웠다. 오늘날 미국 굴지의 석유기업인 코크인더스트리의 모태가 된 회사다. 소련에서 겪은 일이 가슴에 사무친 코크는 열렬한 반공주의자, 냉전시대 매파로 거듭났다.(비슷한 이야기를 전에 어디선가 들어본 것 같지 않은가?) 나아가 존 버치 협회라는 극우단체까지 설립해 '작은 정부'의 필요성을 역설하기 시작했다.

프레드 코크의 아들, 찰스와 데이비드는 아버지의 회사는 물론 이념까지 물려받았다. 코크 형제는 정부의 통제에 대한 선천적 거부감과 화석연료의 지속적 개척이라는 개인적 이해관계를 기반으로 삼은 사람들이다. 기후변화 부정론의 우두머리가 될 완벽한 조건을 갖춘 셈이었고, 실제로 이와 같은 잠재력에 부응하는 삶을 살아왔다.

코크인더스트리는 사업을 다각화해서 세계적인 거대 기업집단으로 성장했다. 지금은 미국에서 개인소유기업 가운데 두 번째로 큰 회사다. 더 중요한 사실은 화석연료 관련 개인소유기업 중에서는 가장 크다는 점이다. 코크 형제는 캐나다와 미국을 잇는 키스톤XL 송유관 건설사업에서 잠재적으로 가장 큰 수혜자이기도 하다. 탄소 함량이 높은 가장 더러운 원유를 시장에 공급하는 대가로 1,000억 달러의 이익을 얻을 것으로 예상된다.[38] 기후과학자 제임스 핸슨이 "기후는 끝장이 난다"[39]고 우려했던 시나리오지만, 송유관 사업은 오바마 행정부의 반대로 추진이 (적어도 지금은) 녹록지 않을 것으로 보인다.

두 석유 거물은 (현재 1,000억 달러가 넘는 것으로 추정되는)[40] 막대한 부를 바탕으로 보수파 정치인들에게 돈을 대왔다. 어용단체들, 조직들, 자신들의 반규제 어젠다를 지지하는 정치인들에게 수천만 달러를 뿌렸다. 물론 이 어젠다에는 기후과학자들에 대한 공격과 기후변화 허위정보의 유포, 청정에너지 정책에 대한 반대가 포함된다.

코크 형제가 얼마나 지출했는지 파악하는 것은, '시민연합 대 연방선거관리위원회' 사건에 대한 (코크 형제의 연례모임에 꾸준히 참석한 안토닌 스칼리아와 클래런스 토머스 대법관이 결정적 역할을 담당한)[41] 연방대법원 판결 덕분에 기업 주체가 선거비용을 무제한으로 지출할 수 있게 된 데 따른, '검은 돈'의 등장으로 불가능해졌다. 그러나 지출액이 수천만 달러에 이를 것으로 '추산'할 수 있다. 이 정도면 과거 몇 차례 선거 과정에서 사실상 미국 의회 전체를 매수하기에 충분한 금액이다. 코크 형제는 2016년 대선에서 10억 달러 가까운 돈을 쓰겠다고 공언한 바 있는데, 대통령을 구매하고도 남을 액수다.[42]

코크 형제는 막대한 재산을 이용해서 기후변화 대책을 지연시키거나 저지하는 데 앞장서는 조직들을 지원해왔다. 예컨대, 1997년 이후로 기후변화를 부정하는 단체들에 제공한 후원금만 1억 달러가 넘는다.[43] 기후변화를 부정하는 '포템킨 마을'의 구성원들 대다수가 코크 형제의 돈을 받았거나 지금도 받고 있다는 뜻이다. 개중에 눈에 띄는 구성원이 '번영을 추구하는 미국인들AFP'이라는 단체다. AFP는 과거 몇 차례 대선에서 기후변화를 부정하는 정치인들이 예상 득표수를 획득하도록 돕기 위한 캠페인 광고에 수억 달러나 지출했다.[44] 심지어 2008년 대선에서는 '지구온난화 호들갑: 일자리 상실, 높은 세금, 낮은 자유'를 슬로건으로 내건 열풍 여행Hot Air Tour 행사에 돈을 대기도 했다. 홈페이지에 들어가면 이 단체의 미션을 확인할 수 있다. "번영을 추구하는 미국인들은 지구온난화 논쟁에서 잃어버린 반쪽을 여러분에게 되찾아주려고 열심히 일하고 있다. 반동적인 입법행위가 여러분과 여러분의 가정, 우리 경제에 어떤 충격을 미칠까?"[45]

코크 형제는 기업경쟁력연구소CEI에도 돈을 댄다. CEI는, 독자 여러분이 기억하듯, 과거 레이첼 카슨 같은 과학자들을 공격했고, 1990년대 들어 거대 담배회사의 대변인 노릇을 자처했으며, 빌 클린턴과 조지 W. 부시 행정부 아래서는 온실가스 배출 규제를 저지하는 비판자 역할을 수행하면서 2009년 기후게이트 스캔들을 조작하는 데 핵심적으로 기여한 단체다.**46** 2006년 CEI는 화석연료 탄소 배출의 미덕을 노래하는 국가적 캠페인에 나섰다가 전국적으로 조롱을 당했다. "그들은 오염이라고 부른다. 우리는 생명이라고 부른다"**47**라니, 세상에, 별꼴이 반쪽이다.

코크 형제의 지원 대상자 명단은 여기서 끝이 아니다. 여러분은 하트랜드연구소를 기억할 것이다. 이 단체로부터 돈을 받은 국제기후변화비정부협의체NIPCC가 2008년에 작성한 기후변화 부정론 '보고서'는 ABC뉴스가 "날조한 헛소리"라고 성토하기도 했다.**48** 여러분은 하트랜드연구소가 당시에 깨달음을 얻었으리라 짐작할지 모르겠다. 하지만 그렇지 않았다. 이 연구소는 2012년에 기후과학자들을 '유나바머' 테드 카진스키에 비유하는 옥외광고판을 세우기 시작했고, 같은 해에 업계의 지원을 받아 학교에 침투해서 부정론을 선전하려고 비밀리에 시도하다가 들통이 나고 말았다.**49**

마지막으로, 코크 집안에서 사실상 가장 중요한 구성원에 해당하는 미국입법교류협의회ALEC를 언급하지 않을 수 없다. ALEC는 코크 형제와 기타 보수적인 재단들, 화석연료 이익집단들, 그리고 여러 기업과 단체의 후원을 받는 어용단체다. 업계는 ALEC를 통해 자신들의 어젠다에 도움이 되는 법안을 마련하고 통과를 돕는 호의적인 정치인들을 확보한다. 여기서 내놓는 법안들은 환경 규제를 약화시키고, 기후변화가 실제로 위협이 된다는 사실을 부정하며, 재생에너지 장려정책을 폐기하는 데 초점을 맞추는 경우가 많다.

최근 몇 년 동안 100개가 넘는 기업들과 조직들, 단체들이 반환경 어젠다가 못마땅하다는 이유로 ALEC와 등졌다. 2014년 8월에는 ALEC가 재생에너지 개발을 가로막기 위해 로비를 펼친다는 이유로 마이크로

소프트가 지원을 철회했다.[50] 그다음 달에는 구글도 떨어져 나왔다. 구글 CEO 에릭 슈미트는 "문자 그대로 거짓말을 하고 있다"고 탈퇴 이유를 밝혔다.[51] 2015년 3월에는 거대 석유기업 BP조차 비슷한 우려를 들어 ALEC를 떠났다.[52] 그러나 무엇보다 충격적인 사건은 2015년 8월 "기후변화에 대해 우리와 상반되는 견해를 지닌 것이 분명하다"는 셸오일의 철수 선언이었다.[53]

그럼에도 불구하고 코크 형제에겐 동원 가능한 무기가 아주 많다. 그중에서 가장 탁월한 기후변화 부정론자 두 사람이 의회에 포진해 있다. 바로 제임스 인호프 상원의원과 조 바튼 하원의원이다. 두 사람 모두 코크 형제로부터 수년에 걸쳐 후원금을 받아왔다. 2016년 대선후보 지명을 위해 경쟁했던 공화당 의원들의 명단을 훑어보면, 코크 형제가 선호하는 기후변화 부정론자 후보 지망생들이 누구인지 대번에 파악할 수 있다.[54] 젭 부시(공화당, 플로리다), 테드 크루즈(공화당, 텍사스), 랜드 폴(공화당, 켄터키), 릭 페리(공화당, 텍사스), 마르코 루비오(공화당, 플로리다). 하나같이 코크 형제로부터 상당한 액수의 돈을 받은 사람들이다. 그런데 딱 한 사람만이 코크 형제로부터 '한 푼'도 안 받았다. 우상 파괴자 도널드 트럼프다. 트럼프는 기후변화 부정론자이지만 코크 형제의 총애를 사려고 애쓰지 않았다. 오히려 다른 경쟁자들을 코크 형제의 "꼭두각시"라고 깎아내렸다.[55]

대선후보 지명을 위해 경쟁했던 크리스 크리스티 주지사(공화당, 뉴저지)는 과거에 기후변화에 대한 '우려'를 표명한 적이 있었다. 그는 이 경력을 벌충하기 위한 것이 명백한 노력의 일환으로 지역온실가스구상RGGI에서 발을 뺐지만, 코크 형제의 관심 밖으로 밀려나고 말았다. 대선 주자였던 린지 그레이엄 상원의원(공화당, 사우스캐롤라이나)도 최근 몇 년 동안 기후 변화에 대해 강력한 태도를 취하면서 기업의 무제한 선거비용 지출을 용인한 '시민연합' 판결을 공개적으로 비판했다. 역시 8년 동안 코크 형제로부터 한 푼도 받지 못했다.[56]

코크 형제는 처음에 스콧 워커 주지사(공화당, 위스콘신)에 대한 호감을 숨기지 않았었다.[57] 안 그럴 이유가 어디에 있겠는가? 지켜보던 사람들이 언급하기를, "친환경 정책 및 사업을 부지런히 무력화시켜온 그는 화석연료산업을 실질적이고도 지속적으로 지원한 화려한 이력에서 다른 경쟁자들을 압도했다".[58] 하지만 안타깝게도 워커는 경선에서 탈락하고 말았다. 코크 형제가 혐오하는 도널드 트럼프가 공화당 대선후보로 낙점을 받았기 때문이다.

코크 형제는 과학교육기관이나 봉사단체를 상대로 인류애에 입각해서 기부금을 내기도 했다. 반환경 어젠다에 대한 면죄부를 받으려고 관련 기관의 비위를 맞추려 들었던 것이다. WGBH(보스턴 공영방송사)에서 제작한 PBS 과학시리즈 〈노바〉를 후원한 것이 대표적인 사례다.

코크 형제는 워싱턴D.C.에 위치한 국립자연사박물관에도 기부금을 냈다. 여기에는 데이비드 코크가 인류기원관 신축 비용으로 제공한 1500만 달러도 포함되었다. 이후로 기후변화가 해롭지 않으며 오히려 이롭다고 암시하는 쪽으로 전시 내용이 방향을 튼 것 같다고 주장하는 사람들이 있다.[59] 최근에는 15개 비정부단체가 과학 또는 자연사를 다루는 박물관의 경우 코스 형제를 비롯한 기후변화 부정론자들의 기부를 받아서는 안 된다고 주장하며 100명이 넘는 주요 과학자들의 서명을 받아 청원운동에 들어갔다.[60] 또 다른 단체는 같은 이유로 WGBH가 데이비드 코크와의

데이비드 코크

"기후는 오르내리면서 변화하기 마련이다.
더운 때가 지나면 추운 때가 오는 법. 게다가
우리에겐 빙하기라는 것이 있지 않은가."

관계를 단절해야 한다고 지적하면서 10만 명 이상이 서명한 청원서를 제출하기도 했다.[61]

코크 형제는 반환경 어젠다에 대해 언론의 비판이 점차 거세지자 기분이 무척 상한 나머지 '이길 수 없으면 사버려라'라는 격언을 따르기로, 아니면 시도라도 해보기로 결심한 것 같다. 2013년, 그들이 8개 일간지를 거느린 트리뷴컴퍼니를 매입하려는 계획을 세우고 있다는 보도가 나왔다. 여기에는 광범위한 배급망을 자랑하는 《시카고트리뷴》은 물론 트리뷴 그룹의 최우량 자산이자 일요판 독자가 100만 명이 넘는 《로스앤젤레스타임스》도 있었다.

《시카고트리뷴》 칼럼니스트 클래런스 페이지는 코크 형제가 신문들을 "그들의 정치적 발언을 위한 수단으로" 악용할 것이라는 두려움이 트리뷴 소속 기자들 사이에 팽배하다고 목소리를 높였다.[62] 여기에 더해 《로스앤젤레스타임스》 직원들의 절반 이상이 여차하면 이직할 것이라는 보도가 나오면서 형제의 매수 시도는 실패로 돌아갔다.[63]

"돈 워리, 비 해피!", 다정하고 신사적인 부정론

어떤 측면에서 기후변화 부정론의 가장 교활한 형태는 위협의 심각성과 위험한 기후변화를 모면하기 위해 필요한 노력의 역사적 중대성을 부인하는 언행일 것이다. 과학적 근거에 대한 노골적인 부정론이 그 어느 때보다 신뢰를 잃게 되자, 새로운 유형의 기후변화 부정론자들, 다정하고 신사적인 부류의 부정론자들이 등장해 기후변화 반대론의 세계에서 부상 중인 틈새시장을 차지하고 있다.

카리스마 넘치는 비외른 롬보르는 철두철미한 환경주의적 진정성을 지녔다는 증거로 그린피스 티셔츠를 흔들어대는 자칭 "회의적 환경주의자"로, 《월스트리트저널》, 《뉴욕타임스》, 《USA투데이》 같은 유력지에 칼럼을 실으며 그 틈새를 메우고 있다. 그는 빈곤층에 대한 걱정과 '에너지 빈곤'에 대한 우려를 설파한다. 우리가 화석연료를 시추해서 태우는 행위를 계속 방해하면 결국 고통을 받는 쪽은 빈곤층이라면서 말이다. 그러면서 화석연료 사용의 중단과 청정에너지 경제로의 이동을 촉구하는 사람들을 꾸짖는다.[64]

롬보르의 주장은 종종 그럴싸한 모양새를 갖춘 것으로 보이지만, 수박 겉핥기에 불과하다. 여러분은 기후 예측을 얕잡아보거나, 기후변화의 충격과 손실과 비용을 과소평가하거나, 화석연료산업에 직간접으로 제공되는 막대한 보조금을 모른 체하는 등의 교묘한 눈속임을 목격할 것이다.

롬보르는 개발도상국이 겪는 역경에 마음이 아프다고 말하지만, 기후변화의 충격에 가장 취약한 사람들을 무시하는 속마음이 부지불식간에 고개를 내밀곤 한다. "해수면이 20피트 상승하면 (…) 4억 명이 현재 거주

중인 해안지역 1만 6,000평방마일이 물에 잠길 것이다. 정말 많은 사람들이지만, 인류 전체는 아니다. 사실, 세계 인구의 6%에도 못 미치는 숫자다. 다시 말해서, 94%의 인구는 범람 피해를 당하지 않을 것이라는 뜻이다."[65] 그렇다. 어느 칼럼에서 정말 이렇게 썼다. 대체 그 4억 명은 무엇이란 말인가?

'회의적 환경주의자' 비외른 롬보르
"크게 보면, 지구온난화는 후진국에 악영향을 미치지 않을 것이다."

아울러 롬보르는 가난에 시달리는 지구촌 사람들이 큰 걱정이라고 말하면서도, 코크 형제를 비롯한 거물들이 자신의 코펜하겐 컨센서스 센터 CCC를 후원하는 덕분에 매년 77만 5,000달러나 되는 연봉을 흔쾌히 챙기고 있다.[66]

이 센터는 매사추세츠 주 로웰을 주소지로 하고 있으나 실은 가상의 단체다. 한번은 토니 애벗 총리가 이끄는 호주의 보수 정권이 영구적인 거처를 마련해주려고 시도한 적이 있었다. 이 센터를 받아들이는 조건으로 납세자 기금 가운데 400만 달러를 웨스턴오스트레일리아대학교 측에 제시한 것이다. 이 대학교는 제안을 수용했다가 이내 철회하고 말았다. 이 센터가 대학의 승인을 받을 자격이 없다고 간주한 교수들이 들고 일어났기 때문이다.[67]

하지만 롬보르는 외롭지 않다. 미국에는 이른바 브레이크스루연구소처럼 진짜 '돌파구'에는 하등의 관심이 없는 것으로 보이는 단체들이 수두

룩하다. 이들은 화석연료의 지속적인 활용을 옹호하면서 탄소 배출 규제와 재생에너지 인센티브 제도에 반대하고 있다. 자유시장이 어떻게든 요술처럼 문제를 해결할 것이므로 (시장주의자들이 보기에 화석연료를 태우는 데 간접비용으로 작용하는) 외부 간섭은 불필요하다고 여기기 때문이다.

태양열, 풍력, 지열 등을 활용하는 에너지 생산 분야에서 괄목할 만한 진보가 이루어지는데도, 롬보르와 브레이크스루연구소는 재생에너지의 광범위한 활용에 이바지하는 기술 혁신과 발전에 대해 대단히 비관적인 태도를 보이고 있다. 반면, 지구의 시스템을 솜씨 좋게 다루어 온실효과에 의한 온난화를 상쇄시키겠다는, 아직 입증과 확인을 거치지 않은 ('지구공학'이라고 불리는) 계획들의 피상적인 약속과 관련해서는 지극히 기술낙관주의적인 관점을 드러내곤 한다.[68]

지구공학이 실제로 가능할까? 효과적일까? 안전할까? 이런 질문들에 대해서는 다음 장에서 따져보도록 하자.

역사의 심판

역사는 이 논쟁에 참여한 주체들을 심판할 것이고, 그중 상당수는 냉혹한 처분을 피할 수 없을 것이다. 하지만 그때가 되면, 불행히도 너무 늦어버리고 만다. 기후변화는 일단 본격적인 작동에 들어가면 모든 것을 맷돌처럼 가차 없이, 엄청난 속도로 갈아버릴 것이다. 지구가 종말을 향해 치닫게 된다는 뜻이다. 심판의 때가 오면, 단기 이익에 급급한 삶을 살아온 악당들이 자식들과 그 자식들에게 재산을 물려줄 것이다. 상속자들은 뒤따른 환경 붕괴 현상에서 조상들이 어떤 책임을 져야 하는지 누구도 기억하지 않기를 바랄 것이다.

기후변화 부정론자들이 선의, 무지, 고의적 외면, 계산적 속임수 등 어떤 이유에서 그런 태도를 취했는지 파악하기란 어려운 일이다. 어떤 이유건 간에, 수많은 개인들이 기후변화 대책에 딴지를 걸고 그 시행을 늦추기 위해 대중을 상대로 자기 목소리를 냈다.

비록 확정적인 근거가 아니라 하더라도, 교양 있는 사람이라면 진지하게 생각하기에 충분한 근거가 존재한다. 따라서 기후변화의 위협을 통째로 부정하거나 대중적 행동이 불필요하다고 평가절하해서도 안 되고, 대중의 마음에 혼란을 일으켜서도 안 된다. 정치적 논의 과정이 교란되어 우리 앞길이 막혀버리기 때문이다.

이 논쟁에서 누가 어떤 역할을 맡았는지 기록해두는 것이 중요하다. 만에 하나 현재의 모든 근거들과 반대로 기후변화가 멈추거나 거꾸로 나아간다면, 부정론자들은 박수갈채를 받아 마땅하다. 하지만 그들이 우리를 재앙의 길로 잘못 이끌어 정책적 오판을 야기한다면, 그들이 누구이고 어떻게 살았는지 역사가 잊지 않도록 해야 할 것이다.

거울, 레이저
대포, 솟가루 조금,
진공청소기를 붙여봤어.
이번에는 제대로
만든 것 같아!

7장

지구공학, 혹은 "잘못될 게 뭐가 있겠어?"

할머니가 파리 한 마리를 삼켰어.
파리를 왜 삼켰는지 몰라도
아마 할머니는 죽겠지!

할머니가 거미 한 마리를 삼켰어.
뱃속에서 요리조리 기어 다니겠지.
파리를 잡으려고 거미를 삼킨 거야.
파리를 왜 삼켰는지 몰라도
아마 할머니는 죽겠지!

할머니가 새 한 마리를 삼켰어.
말도 안 돼, 새를 삼키다니.
거미를 잡으려고 새를 삼킨 거야.

(…)

할머니가 소 한 마리를 삼켰어.
소를 어떻게 삼켰는지 몰라도
염소를 잡으려고 소를 삼킨 거야.
개를 잡으려고 염소를 삼킨 거야.
고양이를 잡으려고 개를 삼킨 거야.

새를 잡으려고 고양이를 삼킨 거야.
거미를 잡으려고 새를 삼킨 거야.
뱃속에서 요리조리 기어 다니겠지.
파리를 잡으려고 거미를 삼킨 거야.
파리를 왜 삼켰는지 몰라도
아마 할머니는 죽겠지!

할머니가 말을 삼켰어…
그래서 죽었어, 당연하지!

우리는 이 노래를 듣고 따라 부르면서 자랐다. 앞으로 밝혀지겠지만,
이 노래는 '지구공학'의 위험성과 완벽하게 들어맞는다. 할머니가 선택한
'해결책'이 원래의 문제보다 훨씬 더 위험한 것으로 입증되었기 때문이다.
인류가 야기한 기후변화의 해결책으로 제시된 기술적 해법들 대부분도
이와 같은 위험을 초래할 가능성이 농후하다.

돌파구를 찾아서

근본적인 문제(화석연료를 지속적으로 태우는 문제)의 해결을 위한 행동에 반대하는 사람들 대다수는 지구 시스템에 대규모로 개입해 기후변화의 영향을 중화시키는 기술적 해결책, 이른바 지구공학에 의지해왔다. 어떤 측면에서 지구공학은 자유시장 근본주의자들에게 논리적 탈출구일지 모른다. 자유시장과 기술 혁신으로 우리가 야기한 모든 문제를 정부의 규제 없이도 해결할 수 있다는 믿음의 연장선상에 위치한 개념이기 때문이다.

아니나 다를까, 빌 게이츠처럼 꽤나 진중한 유력 경영인들조차 비외른 롬보르와 브레이크스루연구소 등이 신봉하는 기술낙관주의적 신념을 받아들여왔다.[1] 탄소에 가격을 매긴다? 아니, 시장이 원치 않는다. 재생에너지? 망상에 불과하다. 그럼, 운이 좋을 경우 지구온난화를 상쇄할 수 있다는 희망에서 지구 시스템에 대규모로 개입해보면 어떨까? 옳거니, 그게 정답이야!

이는 기후변화의 엄청난 충격이라는 해일이 우리를 향해 밀려오는데 이젠 CO_2 배출량을 줄이려고 아무리 발버둥 쳐도 도무지 방법이 없으니 지푸라기라도 붙잡겠다는 발상과 다르지 않다. 그러나 지구공학의 전망이 밝다는 주장들은 대부분(어쩌면 모두가) 탄소 배출 규제를 비판하기 위한 핑계에 불과하다. 대충 이런 이야기다. "어이, 기후 양반, 이 약만 먹으면 병이 금세 나을 거야. 기후변화에 효험 있는 일종의 메타돈(헤로인 중독 치료제)이라네. 사실, 탄소중독쯤은 그냥 내버려둬도 별문제 없어."

그런데 단순하다고들 말하는 이 처방이라는 것이 실은 그렇게 단순하지가 않다. 지구온난화의 해결책으로 제시된 여러 가지 지구공학 계획들은 (우주에 거울을 띄워 햇빛을 반사시키자는 둥, 반사성을 지닌 입자들을 대기 중에 쏘아 올려 지구로 들어오는 햇빛 유입량을 줄이자는 둥, '철분을 뿌려서' 해양 생태계를 비옥하게 만들면 바다가 대기 중의 CO_2를 더 많이 흡수한다는 둥) 언뜻 봐도 공상과학소설에나 등장할 법한 내용인 데다, 위험한 부작용을 발생시킬 가능성이 높다. 이와 같은 방식으로 지구 시스템을 대규모로 조작하다가 자칫 의도하지 않은 최악의 결과를 낳을지 모른다.

뭐 그리 크게 잘못될 것이 있겠냐고? 아니다. 엄청나게 잘못될 수 있다는 우려가 사실로 밝혀지고 있다. 우리가 지구라는 실험실에서 통제되지 않은 실험을 계속 진행한다면, 아무것도 안 하고 가만히 있는 것보다 훨씬 더 나쁜 결과를 초래할 가능성이 높다.[2]

거울을 띄우자… 우주에?

우주 공간에 작은 거울을 무수히 띄워서 지구로 내리쬐는 햇빛의 일부를 지구 밖으로 되돌려 보내자는 지구공학 계획을 어떤 사람이 제시했다. 지구라는 행성을 '양산'으로 가리겠다는 말이다. 이런 거울을 지구 상공에 넉넉히 띄워서 태양 복사열을 어느 정도 차단할 수 있다면, 온실가스로 인한 지구 전반의 온난화를 상쇄하고도 남을 것이라는 논리다.

여러분이 듣기에 영화 〈스타워즈〉에 등장할 법한 발상처럼 느껴진다면, 로널드 레이건 대통령이 주도한 전략방위구상('스타워즈')의 핵심 배후 인물이었던 에드워드 텔러 같은 냉전 매파가 지구공학 계획의 주요 지지자라는 사실이 그리 놀랍지 않을 것이다.[3]

간단하고도 효과적인 해결책처럼 들리는가? 하지만 실제로는 그렇지 않다. 대표적인 계획으로, 지름 3피트(1미터)에 무게가 0.035온스(1그램)에 불과한 얇디얇은 거울을, 그것도 지표면으로부터 62만 마일(100만 킬로미터)이나 되는 상공에, 지구 공전궤도의 중심축에 맞춰, 무수히 띄우자는 주장이 있다. 그런데 지구온난화를 상쇄하기에 충분하려면, 이런 거울을 수조 개나 띄워야 한다. 그렇게 많은 거울을 그렇게 높은 곳에 올려놓기 위한 세부적인 실행계획과 비용은 엄두도 못 낼 정도로 복잡하고 막대할 것이 분명하다. 심지어 350조 달러가 소요될 것으로 추정하는 사람들도 있다.[4] 탄소 배출량을 감축하는 데 들어가는 비용의 추정치와 비교해도 자릿수가 다를 정도로 엄청난 금액이다.

이 계획의 주요 지지자인 애리조나대학교의 로저 에인절조차 기후 위기로 치닫는 상황에서 이런 접근법이 최후의 저지선으로 필요할 수 있다고 주장하면서도 "재생에너지 개발이야말로 햇빛 가리개로 대체할 수 없는, 유일하고도 영구적인 해결책"이라고 인정했다.[5]

지구 상공에 무언가 쏘아 올린다?

우주 거울과 관련된 계획으로, 매우 안정적인 대기 상층부를 일컫는 성층권에 반사성 입자들을 쏘아 올리면 몇 년 동안 제자리에 떠 있을 수 있다는 주장도 있다. 이 계획은 이론적으로 화산 폭발이 지구를 냉각시키는 과정에 착안한 것이다. 1991년 피나투보 화산 폭발 때처럼 열대지방의 화산이 분화하면 빛을 반사하는 황산염 입자들이 성층권으로 올라가 지구의 온도를 몇 년 동안 화씨 1도(섭씨 0.6도)가량 낮출 수 있기 때문이다.

특수 제작한 대포를 이용해서 (피나투보 분화 때만큼) 많은 양의 입자들을 성층권으로 쏘아 올리겠다는 이 계획은 꽤 말이 되는 데다 엄청난 비용이 들지도 않는 것으로 보인다. 실제로 계산해보면, 적어도 2년에 한 번씩 피나투보 폭발 규모의 입자들을 쏘아 올려야 탄소 배출에 의한 당장의 온난화를 상쇄할 수 있다는 결론이 나온다.

그렇다면, 잘됐다. 마침내 우리는 우주 거울로는 도저히 획득할 수 없는 타당성과 비용이라는 걸림돌을 해결했다. 이제 안심해도 되지 않을까? 글쎄, 너무 성급히 단정하지는 말자.

이 계획은 수많은 문제점을 내포한 것으로 밝혀지고 있다.[6] 그중 하나는 무척 기본적인 문제다. 이 계획을 실행에 옮길 경우, 우리는 애초의 기후로 되돌아갈 수 없다. 화산 분출에 따른 저온화의 공간적 패턴은 온실효과에 따른 온난화의 패턴과 동일하지 않다. 물리적인 작용방식이 서로 다르기 때문이다. 화산 폭발이 지표면으로 내리쬐는 햇빛의 양을 줄이는 반면, 온실가스는 지표면에서 내뿜는 열에너지가 빠져나가지 못하도록

막는다. 이런 효과는 위도와 고도에 따라 다양하게 나타난다.

다행히도, 이 계획을 실행에 옮기면 지구의 온도가 올라가지 않을 것이다. 하지만 이는 지구 전체의 평균을 산출한 결과여서, 어떤 지역은 입자를 쏘아 올리기 전보다 더 빠르게 더워질 것이고, 어떤 지역은 더 추워질 것이다. 제대로 읽었다. 결국 '어떤' 지역은 예전보다 더 빨리 기온이 올라갈 것이다. 일례로, 남쪽 바다의 온도가 더 급격히 올라갈 수 있다. 그러면 서남극 얼음판의 불안정성이 높아지고 그 결과로 해수면의 상승 속도가 빨라질 것이라는 예상이 가능하다. 우리는 이와 같은 부정적 시나리오를 배제할 수 없게 된다.

기후모형 시뮬레이션을 진행해보면, 육지가 바다보다 더 차가워지는 경향이 나타난다. 그러면 육지에서 이루어지는 물 순환의 활력이 줄어들 것이다. 이 말은 육지가 말라버린다는 이야기를 고급스럽게 표현한 것에 불과하다. 이 상태로 내버려두었다간 더 심각한 가뭄이 찾아온다는 뜻이다. 어떤가? 아직도 다행이라고 느끼는가?

아울러 우리가 성층권에 쏘아 올리는 황산염 입자들이 불쾌한 결과를 초래할 가능성도 있다. 여러분도 기억하겠지만, 청정대기법이 통과되기 전인 1960년대와 1970년대 초에 산성비 문제를 불러온 물질이 바로 산업활동 과정에서 생겨난 황산염 입자들이었다. 물론 우리가 이 계획에서 거론하는 황산염 입자들은 빗방울이 형성되는 지점보다 더 높은 대기권(성층권)으로 올라갈 것이다. 하지만 결국 낮은 쪽으로 차츰 내려와서 구름이나 빗방울에 섞여 지표면으로 떨어지고, 끝내는 강물과 호수로 흘러들수밖에 없다.

좋다, 이 해결책이 산성비 문제를 악화시킬 수 있다고 치자. 그러나 적어도 지난 세기에 등장한 또 다른 지구 환경의 문제, 즉 오존층 파괴 문제만큼은 악화시키지 않을 것이다. 맞는 말일까? 틀렸다. 그 문제 역시 악화될 것이다. 황산염 입자들이 (성층권에서) 오존층을 감소시키는 화학적 반응이 일어날 수 있는 표면적을 확대시킬 수 있기 때문이다. 1980년대에 체결된 몬트리올의정서 덕분에 오존층이 대부분 원상을 되찾았지만, 성층권에는 오존층 파괴물질인 프레온가스가 아직도 많이 남아 있다. 이 프레온가스가 황산염으로부터 추가적인 자극을 받으면, 지구의 보호막인 오존층을 계속 파괴할 가능성이 있다.

대기권에 계속 쌓이고 있는 그 모든 CO_2는 어떨까? 그렇다. 우리는 이 문제를 한동안 거의 잊고 있었다. 기후변화에서 문제의 근본 원인을 직시하지 않는 그 모든 '은폐용' 해결책이 그렇듯, 이 계획을 실행하더라도 CO_2는 공기 중에서는 물론이고 바닷속에서도 계속해서 쌓여갈 것이다. 해양산성화 문제는 (지구온난화의 사악한 쌍둥이로서) 악화 일로를 걷게 될 것이다. 어쩌면 우리는 산호초에 영원한 작별을 고해야 할지도 모른다.

이 '해결책'은 또 다른 문제를 일으킨다. 우리가 화석연료를 계속 태운다고 가정할 때, CO_2가 대기 중에 더 많이 쌓일수록 더 많은 황산염을 성층권에 쏘아 올려야 하기 때문이다. 실로 파우스트의 거래를 연상시키는 대목이다. 비정상적으로 누적된 CO_2의 대부분은 수천 년 동안 대기층을 떠다닐 것이다. 상승한 CO_2 농도가 사실상 영구화할 것이라는 뜻이다. 게다가 전쟁이나 전염병, 소행성 충돌, 그 밖에 우리 사회의 기술적 구조를 뒤흔드는 사건이 만에 하나 발생해서 황산염을 투입하는 일상적 관리체계가 무너진다면 또 어떻게 될까? 그 반사성 '가리개'는 불과 몇 년 사이에 사라질 것이고, 그러면 우리는 수십 년 치 온실가스 온난화의 충격을 몇 년 사이에 고스란히 경험할 것이다. '급격한 기후변화'의 진면목을 확인하게 될 것이라는 말이다.

다른 차원의 문제도 있다. 햇빛이 땅에 닿기 전에 반사시켜 우주로 되돌려 보내는 것은 태양발전의 잠재력이 위축되고 대안 에너지의 유용성이 낮아진다는 뜻이기 때문이다. 기후변화 문제의 근원은 화석연료이고, 우리는 화석연료의 사용을 중단하기 위해 이미 험난한 도전의 길을 걷고 있다. 하지만 이 계획이 실현될 경우 우리의 도전은 한층 어려워질 것이다.

바다에 무언가 쏟아 붓는다?

하늘을 향해 무언가 쏘아 올리는 계획이 썩 훌륭한 아이디어가 아닌 것으로 판명된다면, 혹시 바다에 무언가 쏟아 붓는 계획은 어떨까? 이쪽이 더 효과적이지 않을까?

우연치 않게도, 바로 그런 해법을 주장하는 지구공학 계획이 있다. '철분 비옥화iron fertilization'로 알려진, 아주 손쉬운 방안이다.

전 세계 각지에 드넓게 분포한 여러 수역의 상층부에서 가장 결핍된 영양소는 철분이다. 철분이 많아질수록, 광합성을 통해 CO_2를 소모하는 조류 즉 '식물성 플랑크톤'이 더 많이 번식한다. 따라서 적정량의 철분을 바다에 쏟아 부을 경우, 식물성 플랑크톤이 크게 '활성화'되어 대기 중의 CO_2를 더 많이 포집할 수 있다. 이론적으로는, CO_2를 흡수한 식물성 플랑크톤이 죽으면서 바다 밑바닥으로 가라앉으면, 이들이 먹어치운 탄소 역시 땅속에 장기간 묻히게 된다.

이와 같은 접근법은 언뜻 생각해도 여러 가지 장점이 있다. 그 가운데 하나는 대기에서 CO_2를 끄집어내는 데 도움이 되므로 문제를 근본적으로 해결할 수 있다는 점이다. 이론적으로는, 해양산성화 문제의 해결에도 기여하는 방법일 것이다. 이런 발상에 대해 수많은 기업들이 설득력이 있다고 판단한 것으로 보인다. 지난 10년 동안 플랑크토스나 클리모스 같은 기업들이 등장해서 상업화를 시도해온 것만 봐도 알 수 있다. 특히 플랑크토스는 탄소배출권을 판매할 정도로 대담하게 사업을 펼쳤다. 5달러면 CO_2 1톤을 대기 중에서 제거할 수 있다고 약속하는 방식인데, 개인이나 단체, 기업으로서는 탄소발자국을 줄이는 저렴한 방법처럼 느껴졌다.

하지만 이 계획 역시 애초의 약속을 이행하지 못하고 있다. 통제된 실험을 진행한 결과, 철분 비옥화는 기껏해야 해양 상층부에서 탄소의 순환을 활성화하는 데 그치고 말았다. 바다 밑바닥에 탄소를 깊숙이 매립하는 측면에서 이렇다 할 성과를 보여주지 못한 것이다. 탄소를 깊이 파묻지 못한다면, 대기 중의 탄소 제거란 일시적일 수밖에 없다. 일부 학자들은 철분 비옥화가 현실에서는 (산소가 부족해서 생물이 살 수 없는) '죽음의 해역'이나 적조 현상의 주범인 유해조류의 폭발적 번식을 초래할 수 있다고 주장하기도 한다.

탄소 매립이 이루어진다는 확실한 근거가 없는 데다, 플랑크토스 같은 기업들이 그 잠재적 위험성에도 불구하고 제멋대로 벌이는 철분 비옥화 실험에 대해 환경운동가들과 정부당국이 우려의 수위를 높여가다 보니, 이 계획에 대한 사회적 관심은 차츰 사그라지고 말았다.[7]

이쯤 되면 여러분의 머릿속에 어떤 패턴이 그려질 것 같다.

CO₂를 빨아들이는 거대한 기계!

계속해서 이 주제를 살펴보자. 철분 비옥화 계획은 뜻대로 실현되지 않았지만, 대기 중의 탄소를 직접 제거한다는 취지 자체는 여러 가지 측면에서 매력적이다. 이런 식으로 탄소를 없앨 수 있는 다른 방법은 없을까?

물론 있다. 나무가 이런 역할을 담당할 수 있다.

나무는 (그리고 여타 식물들은) 대기 중의 탄소를 흡수해서 광합성에 들어간다. 흡수한 탄소는 줄기와 가지, 이파리에 저장한다. 그리고 뿌리에 저장하는 방식으로, 또는 낙엽과 잔가지를 떨구어 숲 바닥에 쌓는 방식으로 탄소를 흙 속에 매립한다. 하지만 나무는 대기 중의 CO_2를 포집하는 데 그다지 효과적인 수단이 못 된다. 식물은 인간과 마찬가지로 CO_2를 들이마시지만, 죽어서 썩으면 그렇게 쌓아두었던 CO_2의 일부를 대기 중으로 되돌려 보내기 때문이다.

그런데 우리가 (말하자면, 기후의 관점에서) '완벽한' 나무를 만들 수 있다면 어떻게 될까? 대기 중의 CO_2를 흡수해서 모종의 화학적 과정에 사용하고, 탄소 제거 능력에서 광합성보다 1,000배 효율적이며, 흡수한 탄소를 대기 중으로 일절 돌려보내지 않는 '인조' 나무, 죽으면 썩어버리는 것이 아니라 이론상 장기간 매장이 가능한 베이킹소다로 탄소를 전환시키는 나무 말이다. 이런 나무 1,000만 그루를 전 세계 각지에 골고루 심으면 '거대한 탄소 흡입기'로 작동하면서 우리가 현재 배출하는 탄소의 상당량 (적어도 10%)을 빨아들일 가능성이 있다는 것이다.[8]

하지만… 글쎄올시다. 이 계획에도 복잡한 문제들이 있다. 무엇이든 꺼내는 것보다 다시 집어넣는 것이 훨씬 어려운 법이다. 요술램프 지니처럼 말이다.

여러분은 대기 중의 CO_2를 포집하는 과정에서 열역학의 법칙들과 싸우게 될 텐데, 이는 함부로 뛰어들기에 너무 값비싼 싸움이다. 일부 학자들은 탄소 1톤을 제거하는 데 500달러 이상 들어갈 것이라고 추정한다.(이론적으로는 이 비용이 추가적인 연구와 규모의 경제를 통해 상당히 줄어들 것이다.) 이는 플랑크토스가 사업 추진에 들어간다고 주장하는 비용보다 100배나 많은 액수다. 물론 인조 나무의 경우 실제로 가동시키면 효과를 거둘 수 있다는 점이 다르겠지만 말이다.

이처럼 엄두도 내기 어려울 정도로 막대한 비용을 감안하면, 석탄이나 천연가스로 돌아가는 공장에서 탄소를 내뿜기 전에 스스로 포집 내지 격리하건, 더 좋기로는 화석연료가 아니라 재생 가능한 에너지원을 활용하건 간에, 지금으로서는 'CO_2가 대기 중으로 날아가지 않도록 처음부터 막는 편이 훨씬 쉽고 비용도 훨씬 덜 든다'는 사실을 깨달을 수 있다.

하지만, 탄소 배출량을 줄이기 위해 가능한 모든 조치를 취한 뒤에도 재앙적 기후변화를 모면하기 어려운 나머지 임시변통의 계획이라도 필요한 지경에 이른다면, (적어도 활용 가능한 지구공학 계획들 중에서는) 탄소를 빨아들이는 인조 나무가 가장 안전하고 효과적인 선택일 것이다.

잘못될 게 뭐가 있겠어?

우리는 지금까지 지구공학 계획 가운데 대표적인 일부 사례만 살펴보았다. 이 밖에도 지붕을 새하얗게 칠하자는 주장부터 바다 위에 야트막한 인공 구름을 만들자는 주장까지 다양한 제안들이 나와 있다. 그런데 이와 같은 주장들을 가만히 살펴보면 몇 가지 사항을 공통적으로 포함하고 있다.

우선, 예외적으로 가능성을 인정받는 사례인 '직접적 대기 포집direct air capture'(거대한 흡입기를 가리키는 전문용어) 계획 말고는, 모든 아이디어가 우리가 예상치 못한 심각한 충격과 위험한 결과를 초래할 가능성이 있다는 점이다. 이런 계획을 섣불리 건드렸다가 더 나쁜 결과를 맞이하느니, 아예 실행에 옮기지 않는 편이 낫다.

게다가 정치적·윤리적으로 복잡한 문제들투성이다. 일례로, 지구의 온도조절장치에 손댈 수 있는 권리가 과연 누구에게 있는지도 문제다. 투발루처럼 해발고도가 낮은 섬나라들에겐 현재의 CO_2 수준도 이미 너무 높다. 그 섬 주민들은 이제 해수면이 몇 피트만 상승해도 영토와 풍부한 문화유산을 완전히 잃어버릴 위기에 처한다. 현재진행형인 문제라는 뜻이다. 반면, 공업국가들은 화씨 3.6도의 '위험한' 온난화를 지금이라도 피할 수 있는지 여부를 놓고 여전히 논쟁 중이다. 하지만 위험한 온난화는 지구상의 수많은 사람들이 벌써부터 겪고 있는 고통이다. 그런 사람들이 온도조절장치의 다이얼에 손을 댈 수 있다면 더 낮은 온도로 설정하고 싶을 테지만, 어떤 나라 사람들은 더 높은 온도를 선호할지도 모른다. 그 결정을 누가 내려야 옳은가?

불량 국가들이 지구공학을 악용해서 기후를 멋대로 통제하는 방식으로 완전히 새로운 형태의 국제분쟁이 벌어지는 상황도 어렵지 않게 상상할 수 있을 것이다. 실례로, 어느 기후모형 시뮬레이션에 따르면, 특정 국가가 황산염을 성층권에 투여해서 가뭄을 해소하는 것이 가능하다. 그러나 이와 같은 해결책은 다른 국가가 가뭄의 고통을 대신 치르는 결과를 낳는다. 중동에서 벌어지는 지긋지긋한 분쟁은 희박한 수자원을 확보해야 하는 절박한 필요성이 바탕에 깔려 있다는 주장도 있다.[9]

지구공학이 이 끝없는 싸움에 동원될 수 있는 또 다른 무기를 제공하는 것은 아닐까?

우리는 몰락의 길을 원하는가?

지구공학이라는 해법의 근본적인 문제는 우리가 온전히 이해하지 못한 복잡한 시스템, 즉 지구의 기후 시스템과 그것이 지탱하는 미묘하고 복잡한 생태계 그물망을 함부로 만지작거리는 엄청난 위험성에 있다. 어림짐작을 근거로 조잡하게 응용된 기계적 해결책은 사태를 호전시키기는커녕 도리어 악화시킬 수 있다.

이런 시나리오를 어느 질병을 치료하기 위한 새롭고도 실험적인 치료법과 비교해보자. 여러분은 "실험적인 치료법이 뭐가 문제인가?" 하고 물을 수도 있다. 그럴까? 의학의 역사를 떠올려보자. 의학의 역사는 수많은 실수의 역사, 그래서, 불행히도, 수많은 치명적 결과의 역사다. 의학 지식이 장구한 세월에 걸쳐 쌓여왔다고 해도, 어떤 질병을 제대로 치료하기까지는 오랜 시간이 필요하다. 하물며 지구온난화라는 질병은 지구라는 행성이 유일무이한 환자다. 따라서 치명적인 결과에 이르면 절대 안 되는 환자. 통제된 조건에서 무작위로 실험할 기회가 없다는 뜻이다. 대조군이 있을 수도 없다. 자칫 아스피린을 처방해야 하는 환자에게 탈리도마이드 (1950년대 기형아 출산의 원인인지 모르고 임신부에게 처방했던 약물)를 처방하는 실수를 저지를 수도 있다. 제시된 치료법이 질병 자체보다 위험할 수도 있고, 심하면 환자를 죽음에 이르게 할 수도 있다.

지구가 엄청난 규모의 위협에 직면해 있지만, 그 원인은 사뭇 간단하다. 이산화탄소를 과다 복용해서 건강을 잃은 탓이다. 가장 단순하고도 안전한 해법은 근본적인 원인을 찾아서 문제를 푸는 것이다.

8장

나아갈 길

기후변화의 위험을 피하기 어렵다는 이유로 속수무책이라고 포기하고 마는 것은 아주 손쉬운 해법이다. 그러나 많은 사람들이 위험 한계선으로 간주하는 화씨 3.6도(섭씨 2도)의 온난화를 우리가 막겠다고 각오한다면, 가파른 산을 힘겹게 올라야 한다. 그 목표를 달성할 수 있다는 희망을 품으려면, 일치된 행동에 나서야 한다. 10년 뒤, 5년 뒤가 아니라 지금 당장 행동에 착수해야 한다. 그만큼 현재 상황이 정말로 위중하다. 기후변화에 맞선 정책적 행동을 간절히 '기원'해야 하는 시점은 한참 전에 지나갔다. 이제는 정책적 행동을 '요구'해야 하는 때다.

스키장 최상급자 코스

우리가 수십 년 전에 행동에 나섰더라면, 지금쯤 화석연료 사용량이 서서히 줄어드는 국면으로 접어들었을 것이다. 초급자

용 슬로프를 살살 미끄러져 내려가듯이, 탄소 배출량이 줄어들고 있을 것이다. 하지만 허위정보와 부정론, 지연전략이 우리에게 가져다준 것은 아득하게 느껴질 만큼 가파른 최상급자용 활강 코스다. 우리는 탄소 배출량을 급격히 줄여야만 한다.

현재 인류는 1년에 30기가톤(300억 톤)이 넘는 CO_2를 배출하고 있다. 얼마나 많은 양인지 가늠하기조차 어려운 숫자다. 이렇게 생각해보자. 먼저 지구상에 서식하는 코끼리의 몸무게를 모두 합하자. 슬프게도 코끼리는 밀렵으로 인해 그 숫자가 크게 줄었지만, 아직 50만 마리가 남아 있다. 다 자란 코끼리, 덜 자란 코끼리 가릴 것 없이 무게를 평균 내면 코끼리 한 마리당 4톤이라는 계산이 나온다. 그렇다면, 코끼리들의 몸무게 총합은 200만 톤이다. 따라서 우리는 매년 전 세계 코끼리 몸무게에 15,000을 곱한 만큼 CO_2를 배출한다는 뜻이다. 어마어마한 양이다.

전 세계 인구가 대략 70억 명이므로, 한 사람이 1년에 평균 4톤(코끼리 한 마리) 정도의 탄소발자국을 남기는 셈이다. 그러나 평균적인 수치는 실상을 정확히 보여주지 못한다. 탄소를 낭비하는 나라와 탄소를 적게 배출하는 나라 사이에 엄청난 격차가 존재하기 때문이다. 카타르 사람들은 매년 1인당 40톤(코끼리 10마리)으로 가장 많은 탄소발자국을 남기고 있다.[1] 미국이 2위로 1인당 18톤(코끼리 4.5마리), 3위인 중국은 6톤(코끼리 1.5마리)다. 대다수 후진국들은 1톤 미만(코끼리 0.25마리)이다.

여기에 어려운 점이 있다. 지구의 온도가 (많은 학자들이 '위험한' 온난화라고 여기지만, 앞서 지적한 대로, 다른 사람들은 그 정도도 너무 높다고 타당한 주장을 펼치는) 화씨 3.6도(섭씨 2도) 이상 올라가는 것을 피하고 싶다면, 우리는 매우 제한적인 '탄소 예산'으로 살아가야 한다. 앞으로 CO_2를 1조 톤

이상 사용하면 안 된다는 뜻이다.

　매년 30기가톤씩 사용하는 속도라면, 우리는 대략 30년 안에 이 예산을 바닥낼 것이다. 예산 범위를 넘어서지 않으려면, 매년 7%씩 배출량을 줄여서 20년 안에 현행 수준의 33%까지 낮춰야 한다. 후진국에서 일반적으로 나타나는 것과 비슷한 수준으로 전 세계 평균 탄소발자국을 낮춰야 한다. 이번 세기 중반까지는 배출량이 0에 가까워야 한다. 최상급자 코스의 급경사를 타고 엄청난 스피드로 질주하듯, 탄소 배출량을 '급격히' 줄여야 한다는 뜻이다.

　최근에 나온 어느 분석의 결론에 따르면, 지금까지 파악된 유전 매장량의 33%, 천연가스 매장량의 50%, 석탄 매장량의 80%를 땅속에 그대로 묻어둬야 이와 같은 감축 목표를 달성할 수 있다.[2] 이 말은 우리가 석탄 사용을 단계적으로 중단해야 하고 캐나다 타르샌드의 전부는 아니더라도 거의 대부분을 내버려둬야 한다는 뜻이다.(다시 말해서, 키스톤XL 송유관 사업의 추진이 불가하다는 뜻이다.) 그렇다면 흔히들 '청정연료'라고 말하는 천연가스는 어떨까? 글쎄다. 이따금 제기되는 주장과 달리, 천연가스는 해결책이 아니라 문제 쪽에 속하는 것이 아주 분명해 보인다.

정부의 행동

　　　　우리 앞에 높인 감축 목표가 너무 막막해 보이는 것도 사실이다. 하지만 어떻게든 달성할 수 있다는 희망을 조심스레 이야기해도 되는 이유가 있다. 미국에서 진전을 보이고 있는 이야기부터 시작하자. 사실 상원과 하원에서 몽니를 부리는 공화당 의원들 탓에 광범위한 기후 관련 법안들이 이른 시일 내에 통과할 것이라는 전망은 불투명하기만 하다. 하지만 버락 오바마 대통령은 이와 같은 적대적 분위기 속에서도 행정 각부를 솜씨 좋게 운용하면서 진보를 위한 우호적 환경을 창출해왔다.

숫자들을 살펴보자. 미국에서는 전기를 만드는 과정에서 배출하는 탄소가 전체 배출량의 약 33%를 차지하고, 교통수단의 배출량이 33%에 약간 못 미친다. 이 두 부문이 전체 탄소 배출량의 66% 가까이를 차지하는 것이다. 미국 정부는 두 부문의 배출량을 줄이는 데 행정력을 집중했다.

이와 같은 노력 중에서 가장 돋보이는 성과는 환경보호청EPA이 새롭게 내놓은 청정발전계획Clean Power Plan이다. 이 계획은 (로비스트들과 석유에 흠뻑 젖은 정치인들이 벌이는 소송, 반대광고, 허위정보, 흑색선전 등) 집중적인 공격을 딛고 이미 시행에 들어간 상태다. 20년 내에 발전시설의 CO_2 배출량을 32% 줄이는 것이 목표인데, 이 감축 목표를 어떻게 달성할 것인지에 대해서는 주별로 융통성을 부여했다.[3]

주정부는 석탄발전소 측에 '탄소 포집 및 분리' 기술을 도입해서 CO_2를 대기 중으로 내보내기 전에 제거하라고 요구할 수 있다. 그러나 이 기술을 갖추기엔 여전히 너무 많은 비용이 들기 때문에, 이렇게 만든 에너지가 시장에서 경쟁력을 확보하기란 어렵다.

사실상 훨씬 나은 방법은 '바이오연료'를 사용해서 탄소를 포집하고 매장하는 것이다. 바이오연료를 구성하는 탄소가 이전에 '대기로부터' 왔기 때문에, 대기에서 탄소를 실질적으로 제거하는 효과를 얻을 수 있다. 이런 접근법은 탄소허가제를 도입한 주에서 성공을 거둘지 모른다. 그러나 여기에 필요한 기술이 아직은 폭넓게 활용할 수 있는 단계에 미치지 못하고 있다.

천연가스로 대체하면 문제 해결에 도움이 될 것이라고 주장하는 사람들도 있다. 같은 양의 전기를 생산할 때 석탄에 비해 탄소발자국이 적기 때문이다. 천연가스를 일컬어 화석연료 없는 미래로 건너가는 '다리'라고 광고하는 사람들도 있다. 우리가 곧이어 확인할 테지만, 사실이 아니다.

현재 각 주정부가 채택할 수 있는 실효성이 가장 높은 해법은 석탄발전소를 퇴역시키고, 그 빈자리를 (햇빛, 바람, 지온 등) 재생에너지로 메우는 것이다. 재생에너지가 에너지원에서 차지하는 비중을 높여야 한다는 말이

다. 추가적인 전략으로는 에너지 소비량 자체를 줄이는 방법, 그리고 마지막으로 지역 탄소 배출량 거래 컨소시엄으로 진입하는 방법을 들 수 있다. 이 내용에 대해서는 나중에 다시 다루도록 하자.

기후변화 부정론자들은 청정발전계획을 가리켜 "석탄과의 전쟁"이라고 공격해왔다. 한번은 HBO에서 자신의 이름으로 토크쇼를 진행하는 빌 마어가 우리 중 한 사람(마이클 만)에게 물었다. 당연한 질문이었다. "석탄과의 전쟁이 뭐가 잘못되었다는 거죠?" 대답은 이랬다. "우리는 석탄을 뒤로하고 새로운 길로 나아가야 합니다."[4] 우리는 더 이상 화석연료에 의존해서 전기를 얻으면 안 된다. 청정발전계획은 우리가 그 길로 가도록 도울 것이다. 물론, 한편으로는 석탄을 비롯한 화석연료의 단계적 폐지로 일자리를 잃게 되는 노동자들이 재생에너지라는 유망 산업을 포함한 우리 경제의 다른 곳에서 새로운 일자리를 찾도록 반드시 도와야 한다.

메탄은 CO_2보다 훨씬 강력한 온실가스다. 지난 한 세기에 걸쳐서 30배 이상 강력한 효과를 미쳤고, 지난 20년 동안에는 거의 100배나 농도가 상승했다. 우리가 머지않아 또 다른 티핑 포인트를 지나치게 될지 모른다는 점에서 특히 우려스러운 대목이다. 발전에 쓰이는 메탄의 주요 원천은 천연가스를 시추하기 위한 프래킹 과정에서 흘러나오는, 주로 메탄으로 이루어진 기체다. 발전 관련 온실가스 배출량을 줄이기 위한 포괄적인 계획이라면, 메탄에 대해서도 초점을 맞춰야 마땅하다. 청정발전계획을 처음 발표한 직후, 환경보호청은 발전 부문 메탄 배출량을 2005년까지 45% 줄이겠다는 목표로 또 다른 계획을 새롭게 선보였다.[5]

교통 관련 탄소 배출량을 줄이기 위한 1기 오바마 행정부의 노력도 대담하기는 마찬가지였다. 2012년 8월, 백악관은 연료 효율성에 관한 새로운 기준을 발표했다. 2025년까지 개별 기업이 생산 및 판매하는 모든 승용차와 소형 트럭의 평균 연비를 1갤런당 55마일로 높이라는 것으로, 연료 효율성을 현재 도로를 달리는 차량들보다 두 배로 높이고 가솔린 소비량을 절반으로 줄임으로써, 결과적으로 교통 관련 석유 소비량을 절반으로 감축하겠다는 것이다.

마지막으로, 또 하나 중요한 사실은, 오바마 행정부가 키스톤XL 송유관 사업을 중단시켰다는 점이다. 2015년 2월, 오바마 대통령은 송유관 사업에 청신호를 켜려는 의회 법안에 대해 거부권을 행사했다. 탄소 범벅으로 더럽기 짝이 없는 막대한 양의 캐나다 산 타르샌드를 수십 년에 걸쳐 채굴해서 전 세계 시장에 공급하겠다는 사업이었다.[6] 2015년 11월, 대통령은 6년에 걸친 국무부의 검토를 바탕으로 송유관 사업의 승인이 "기후변화에 맞서 싸우는 진지한 행동"에 나서고자 하는 오바마 행정부의 "글로벌 리더십"을 "뿌리에서부터 흔들 것"이라면서 이 사업을 다시 한 번 거부했다.[7] 미래에 화석연료 친화적 정권이 미국에 들어설 경우 키스톤 사업은 부활할지도 모른다. 그러나 적어도 당분간은 이와 같은 시도가 수면 아래로 가라앉을 수밖에 없을 것이다.

풀뿌리 행동

기후변화에 대처하는 의회 차원의 리더십이 부재한 상황이니만큼, 탄소 배출량을 줄이기 위한 오바마 행정부의 하향식 노력과 짝을 이루는, 도시나 지역, 자치단체, 주 차원의 상향식 노력 또한 결정적으로 중요하다.

미국에서 가장 큰 다섯 도시 가운데 세 곳인 로스앤젤레스와 필라델피아, 휴스턴의 시장들이 2014년에 뜻을 모아서 기후변화 의제에 관한 시장 협의체를 구성했다. 참여 도시의 탄소 배출량을 대폭 줄이는 동시에 탄소 가격제 도입을 위한 연방 및 지구촌 차원의 노력에 연대한다는 취지였다. 이후로 샌프란시스코부터 시애틀, 캔자스시티, 오스틴, 콜럼버스, 올랜도까지 27개 도시의 시장들이 동참을 선언했다. 이와 같은 협력관계는 2007년에 미국 전역의 1,000곳이 넘는 도시의 시장들이 서명한 도시 간 기후보호협약에 바탕을 둔 것이었다.

기후변화를 막기 위한 풀뿌리 상향식 시민운동의 전형적인 사례를 가장 잘 보여주는 곳은 캔자스 주에 위치한 그린스버그로, 인구가 1,000명도 안 되는 작은 마을이다. 그 이름부터 딱 떨어지는 이 마을은 시뻘건 캔자스에서도 가장 빨간 곳에 위치한 데다 시장도 보수적인 공화당 소속이지만 '녹색' 마을의 모범이 되어 미국 전역에 명성을 떨치고 있으니, 이보다 더 시적인 사연이 또 있을까 싶다. 하지만 이런 일이 '어떻게' 가능했는지 알게 된다면, 훨씬 재미있는 이야기로 기억될 것이다.

2007년 5월 4일 밤, F5 등급의 토데이도가 그린스버그를 강타했다. 마을의 95%가 쑥대밭으로 변했다. 기후변화가 한층 파괴적인 토네이도를 불러들인다는 과학적 근거 이야기는 잠시만 미뤄두자.[8] 이 이야기의 핵심이 아니기 때문이다.(물론 흥미로운 배경을 제공하는 요소인 것만큼은 의심할 나위가 없다.)

그렇다. 이 이야기는 공화당 소속인 그린스버그 시장 밥 딕슨이 그린스버그를 재건해서 지속가능성의 모델로, 이제는 '미국 최고의 녹색도시'로 불리는 곳으로 재창조하겠다고 결심한 뒤로 끝내 역경을 딛고 일어서서 비극을 승리로 뒤바꾼 이야기다. 그는 먼저 병원과 시청사 등 공공건물을 새로 지어서 에너지·친환경 디자인 리더십LEED의 최고 등급 인증을 받았다. 오늘날 이용할 수 있는 자재와 기술 중에서 에너지 효율성이 가장 높은 것으로 지었다는 뜻이다. 이런 노력을 인정받은 딕슨 시장은 지속 가능한 도시를 창조하는 데 이바지한 인물에게 수여하는 리처드 데일리 상을 수상했다.

여기서 잠시 한숨 돌리며 이 이야기가 우리에게 건네는 메시지를 가만히 음미해보자. 참으로 기분 좋은 이야기다. 현재 진행 중인 기후전쟁에서 건져 올린 성공담이다. 그런데 이렇게 훌륭한 이야기는 여기서 끝이 아니다.

주 차원에서는 어떤 일이 벌어지고 있는지 살펴보자. 탄소 배출량을 줄이고 재생에너지를 장려하기 위한 노력을 방해하는 ALEC 같은 이익집단들의 전복적 시도들에도 불구하고, 여러 주에서 중대한 진보가 이루어지고 있다.

미국 인구의 15%가 거주하는 (캘리포니아, 오리건, 워싱턴 등) 서부 해안지역 3개 주는 캐나다 브리티시컬럼비아 주와 함께 태평양 연안 기후·에너지 행동계획에 동참했다. 이들은 캘리포니아 주지사 제리 브라운 같은 영웅들의 리더십 덕분에 의회 차원의 의지 유무와 관계없이 전진을 거듭하고 있다.

미국 인구의 13%가 거주하는 (코네티컷, 델라웨어, 메인, 메릴랜드, 매사추세츠, 뉴햄프셔, 뉴욕, 로드아일랜드, 버몬트 등) 북동부 9개 주 역시 연대체를 구성해서 지역 온실가스 구상을 내놓았다.(참가한 주가 10개 주가 될 뻔했다.

하지만, 독자 여러분이 기억하듯이, 화석연료업계의 압력에 무릎 꿇은 크리스 크리스티 주지사가 뉴저지의 이름을 여기서 **빼버렸다**.) 향후 다른 주들(예컨대, 펜실베이니아 같은 주)도 여기에 동참할 가능성이 크다.

요컨대, 미국 인구의 28%를 대표하는 주들이 이미 탄소 배출량에 가격을 매기는 제도를 도입했다. 그 숫자는 앞으로 증가할 것이 분명하다. 이처럼 가장 커다란 차원에서(국가적으로), 그리고 가장 작은 차원에서(도시, 주, 지역 차원에서) 동시에 행동에 나서는 만큼, 조만간 연방의회가 이런 흐름에 보조를 맞추는지 여부는 관계없는 시점이 찾아올 수도 있다.

국제적 협력

지금까지 우리는 미국에 대해서만 이야기를 나눠왔다. 왜 아니겠는가? 미국은 훌륭한 나라다. 우리는 이 나라를 사랑한다. 그리고 우리는 조상들이 물려준 역사적 유산을, 미국이 독립한 1776년 이후로 지구촌에 보여준 리더십을 자랑스럽게 여긴다. 하지만 앞서가던 사람들의 나라가 뒤처진 사람들의 나라로 전락하는 것처럼 비극적인 경험이 어디에 있을까? 현실이 그렇다. 미국은 저만치 성큼성큼 앞서가는 전 세계 여러 나라들의 발자국을 쫓아가야 할지 모른다. 친환경 에너지 경제를 향한 경주에서 전 세계 모든 나라들이 앞서가는 모습을 물끄러미 쳐다만 보고 있다가는 이런 처지를 면할 길이 없을 것이다.

미국인들은 이 나라를 처음 세웠을 때부터 화석연료로 생산한 에너지를 싼 값에 마음껏 누려왔다. 석유와 석탄, 천연가스 덕분에 산업혁명을

이루었지만, 에너지를 낭비하는 현대적 생활양식도 만들어냈다. 화석연료를 지속적으로 사용한 대가는 너무도 크다. 화석연료는 과거 세대의 유물이다. 첨단기술의 시대에 화석연료가 설 자리는 없다. 이제는 옮겨갈 때가 되었다. 부정론자들은 급격하게 공업화를 진행 중인 중국 같은 나라들이 진짜 문제라고 목에 핏대를 세우곤 한다. 화석연료 사용량이 미국을 앞질렀다면서 말이다.(하지만 1인당 화석연료 사용량은 미국이 아직도 월등히 많다.) 그리고 따져 묻는다. 그들이 안 하는 마당에, 우리가 왜 무언가 해야 하느냐고.

아니다. 중국은 지금 기후 위협에 대처하기 위해 여러 가지 수단을 활용해 미국보다 훨씬 더 열심히 노력 중이다. 특히 재생에너지의 연구와 개발, 활용 부문에 훨씬 더 많은 돈을 지출하고 있다. 아울러 국가적 탄소 가격제에 심혈을 기울여왔다.[9] 코크 형제를 비롯한 화석연료 이익집단들이 미국 의회를 계속 얽어매는 한, 이런 제도가 미국에 조만간 등장할 것이라는 희망을 품는 것은 불가능하다.

하지만, 지적받아 마땅한 더 큰 문제가 있다. 과거 두 세기에 걸쳐서 저렴하고도 손쉽게 화석연료를 이용해온 미국이 세계 무대에서 다른 나라들에게 탄소 배출량 감축의 중요성을 설파하려 한들 무슨 수로 그들의 신뢰를 얻겠는가? 하물며 국내 상황도 정리하지 못하는 처지에 밖에 나가서 무슨 말을 꺼낼 수 있겠는가? 우리가 이 문제에서 어느 정도 리더십을 보여주지 않는다면, 에너지 수요를 충족하는 방법에서 구체적이고도 생산적인 변화를 이루어내지 않는다면, 우리 가운데 그 누가 중국과 인도, 브라질 등 에너지 경제가 시작 단계인 개발도상국 사람들을 상대로 비록 더럽지만 저렴한 에너지원에 똑같이 접근할 자격이 없다고 말할 수 있겠는가?

다행히도, 미국은 지금 (앞서 살펴본 대로) 어느 정도 리더십을 보여주고 있다. 오바마 행정부의 정책적 행동이 도시, 자치단체, 주 차원에서 나타나는 점차 광범위한 행동과 짝을 이룬 덕분이다. 기후변화 문제로 다른 나라들과 협상에 나설 때 나름의 신뢰성을 바탕으로 상당한 발언권을 행사할 수 있게 되었다.

그 결과, 성과도 상당했다. 2014년 11월, 전 세계 배출량의 50% 가까이를 차지할 정도로 탄소를 가장 많이 내뿜는 두 나라, 미국과 중국이 마침

내 역사적인 합의에 도달했다. 향후 20년간 탄소 배출량을 대폭 줄이기로 약속한 것이다.[10]

미국은 2025년까지 (2005년 수준에 비해) 26~28% 감축하겠다고 합의했다. 화석연료를 바탕으로 경제를 일궈온 기간이 지난 10~20년에 불과한 중국은 2030년을 정점으로 탄소 배출량을 줄여가겠다고 동의했다. 중국의 결심을 의심의 눈초리로 바라보는 사람들은, 중국이 지금 석탄 사용량을 계획보다 앞당겨 줄이고 있다는 사실에 주목할 필요가 있다.[11] 전 세계에서 탄소를 가장 많이 배출하는 두 나라의 기념비적 합의는 2015년 12월 파리 기후변화회담에 참석한 지구촌 여러 나라에 중요한 메시지를 던졌다.

좋은 소식은 또 있다. 2014년, 현대 역사상 최초로, 탄소 배출량의 증가 '없이' 지구촌 경제가 성장을 이루어낸 것이다. 2015년에도 경제성장이 이어지는 가운데 전 세계 탄소 배출량의 실질적인 '감소'가 확인되었다. 지구촌 경제와 화석연료가 떼려야 뗄 수 없는 사이라고 주장하는 사람들에게 들이밀 수 있는 강력한 반증이 아닐 수 없다.[12]

전문가들은 이런 흐름에 작용하는 정확한 요인들이 무엇인지 토론을 거듭하겠지만, 이미 진행 중인 재생에너지로의 전환이 크게 기여했다는 사실에 대해서는 의문의 여지가 거의 없다. 최근 몇 년 사이 전 세계적인 발전 용량의 증가세를 보면, 화석연료보다 재생에너지의 기여분이 더 크다. 지금은 재생에너지가 전체 전기 공급량의 25% 가까이를 담당하고 있다. 독일을 비롯한 일부 국가들은 그 수치가 33%에 육박하고 있다. 미국은 그 비율이 낮아서 15%에 못 미치는 실정[13]이지만, 발전을 위해 재생에너지를 선택하는 사례가 극적으로 증가하고 있다.

미국에서 태양열발전은 2013년부터 2014년 사이에 두 배 이상 증가했고,[14] 풍력발전은 10%에 약간 못 미치는 성장세를 보였다.[15] 태양열과 풍력 모두 10년 안에 '발전 단가 동일점grid parity'을 달성하는 추세로 나아가고 있다. 이 말은 재생에너지가 탄소가격제 '없이도' 화석연료 에너지에 대해 경쟁력을 갖추게 된다는 것을 군이 어렵게 표현한 것이다.[16] 일조량이 막대한 캘리포니아나 바람이 많이 부는 텍사스 같은 주에서는 이미 동일점에 도달한 상태다. 우리가 화석연료를 태워 손실을 입힌 사실을 감안해 탄소에 가격을 매김으로써 공정한 경쟁의 장을 마련한다면, 나머지 주에서도 그렇게 될 것이다.

미국에서는 에너지 효율성 측면에서 놀라운 진전이 이루어진 덕분에[17] 도요타 프리우스나 테슬라 모델 S, 닛산 리프 같은 전기차 또는 하이브리드차의 판매량이 치솟고 있다.[18] 화석연료 이익집단들과 그 부하들의 맹렬한 훼방을 물리치고 얻어낸 소중한 진보다. 이에 따라 정치적 풍향계도 변화의 조짐을 감지하는 인상이다.

파리 기후변화회담 이후로, 집단적 희열감이 지구촌 전체에 감돌았다. 잘하면 기후변화에 맞선 싸움에서 드디어 한 고비를 넘기겠구나 싶은 분위기다. 각국의 정상들은 이 자리에서 화씨 3.6도(섭씨 2도)라는 마지노선 아래로 온난화를 억제하기로 합의했고, 심지어 이보다 낮은 한계선(화씨 2.7도[섭씨 1.5도])이라는 꿈만 같은 목표치를 처음으로 설정했다. 기념비적인 협정이었다. 머지않아 지구의 해수면이 상승한다는 위협을 절박하게 인식한 결과였다. 선진산업국와 개발도상국을 아우르는 모든 참가국(197개국)이 향후 자국의 탄소 배출량을 줄이겠다고 만장일치로 합의한 것 역시 최초였다. 석유가 풍부한 사우디아라비아조차 한 배에 올라탔다.

물론 지구촌 각국이 파리에서 배출량 감축에 합의했다고 해서, 지구의 온도가 위험 한계선인 화씨 3.6도 이상으로 오르지 말라는 법은 없다. 그러나 이 합의는 다음번 회담에서 한층 강력한 대책을 마련할 수 있는 토대가 되었다. 이제는 지구온난화라는 재앙을 모면하는 길이 어렴풋이 보이는 것도 같다.[19]

기후의 정치학

우리에게 진보란 기후와 미래를 위험으로 몰아넣는 화석연료로부터, 그리고 화석연료가 추동하는 경제로부터 멀어지는 것이다. 우리는 지금 미국을 비롯한 지구촌 전역에서 진보적 흐름을 목도하고 있다. 국제 차원에서, 미국에서는 대통령 차원에서, 주 차원에서, 지방 차원에서, 그리고 무엇보다 중요한 개인 차원에서 기후변화에 맞서는 행동이 힘을 얻고 있다.

2014년 9월 21일, 뉴욕에서 열린 유엔 기후변화회담에 앞서, 30만 명이 넘는 시민들이 거리를 행진했다. 기후변화와 관련해서는 역사상 최다 인파가 시위에 나선 것이다. 비슷한 시위가 '기후를 위한 민중 행진'이라는 이름으로 전 세계 여러 도시에서 일어났다.[20] 기후 위기를 모면하기 위해 정책결정자들의 인식을 제고하고 행동을 촉구하는 자리였다.

반기문 유엔 사무총장, 앨 고어 전 부통령, 빌 드 블라지오 뉴욕시장, 그리고 수많은 유명인들이 행진에 참여해서 미국을 비롯한 전 세계 수많은 사람들과 뜻을 함께했다. 기후 문제에 헌신한 공로로 유엔 평화대사에 임명된 영화배우 리어나도 디캐프리오는 강력하고도 감명 깊은 개막 연설을 통해 일치된 행동을 부르짖었다.[21]

기후 행진에 뒤이어, (훗날 엑손모빌의 모체가 된 석유 제국을 건설한) 존 D. 록펠러 가문에서 운영하는 록펠러 브라더스 펀드가 화석연료와 관련된 모든 주식을 처분하겠다고 발표했다. 대단히 중요하고 명백히 상징적인 행동이었다. 현재 전 세계 300개가 넘는 펀드와 종교기관, 정부기관, 대학, 금융기관에서 거두어들인 금액이 500억 달러가 넘는 것으로 집계된,

지금도 진행 중인 주식 처분 캠페인의 정점이었다.[22]

주식 처분 캠페인은 기후운동가 빌 매키번의 아이디어였다. 그는 환경단체 350.org를 설립했는데, 기후과학자 제임스 핸슨이 안전의 한계선이라고 주장한 (우리가 기후정책을 결여한 상태로 치닫고 있는 수준은 고사하고, '현재' 수준보다 현격하게 낮은 수준인) 대기 중 CO_2 농도 350ppm에서 따온 단체명이다.[23] 주식 처분 캠페인은, 결국 화석연료산업에 미칠 실질적인 금융 충격보다 그 상징적 가치가 훨씬 중요할 테지만, 매우 실질적이고도 정당한 운동이다.

일부 추정치에 따르면, 현재 화석연료산업은 우리가 화씨 3.6도(섭씨 2도)의 지구온난화를 회피하고자 할 때 태울 수 있는 석유와 가스, 석탄보다 다섯 배 많은 확정 매장량(proven reserves. 채굴이 가능한 매장량에서 경제성이 없는 매장량을 제외한 값)을 보유하고 있다.[24] 이제 우리가 이 모든 화석연료를 태울 여력이 없다는 전제를 받아들인다면, 이 회사들은 돌이킬 수 없는 부채를 떠안게 된다. 거의 모든 핵심 자산이 꽁꽁 묶이게 되는 셈이다. 그들은 지구를 위해서도, 주주를 위해서도 나쁜 투자처다. 게다가 여기에는 새롭게 주목받는 또 다른 부채까지 포함시켜야 할지 모른다. 예를 들어, 엑손모빌은 최근 자사의 상품인 화석연료의 악영향을 일부러 은폐한 혐의로 조사를 받고 있다.[25] 수십 년 전에 담배업계가 담배의 유해성을 숨긴 혐의로 조사받은 것과 상당히 비슷한 상황이다. 1990년대 말, 담배 제조업자들은 46개 주 법무장관들이 연합해 제기한 소송에서 결국 3,700억 달러를 배상하기로 합의했다.[26] 이번에는 뉴욕 주 법무장관이 엑손모빌을 상대로 비슷한 소송을 제기할 수 있는지 검토 중이다.[27]

매키번과 (대중적 스포트라이트에서 다소간 멀어졌지만 자신이 설립한 국제환경단체 '기후 프로젝트'와 여타 다양한 활동을 통해 기후 문제에 대한 경각심을 꾸준히 높이고 있는) 앨 고어 같은 사람들은 기후변화에 맞서 시급히 행동해야 할 당위성을 일깨우는 과업에서 중요한 역할을 맡아왔다. 하지만 이들의 노력은 주로 그 문제에 이미 관심을 두고 있는 사람들에게 자극제로 작용해왔다.

다행히 이들 말고도 (미국의 군대, 보험 및 재보험업계, 그리고 기후변화의 위협을 진지하게 인식하고 한층 강한 어조로 발언하기 시작한 경영계 주요 인사 등) 여러 조직과 기관, 인물 들이 저변을 넓히는 데 기여하고 있다. 덕분에, 어쩌면 '순수한 환경 이슈'라고 여기는 것에만 신경 쓰며 살았을지 모르는

사람들까지 기후 문제의 심각성에 새로이 주목할 수 있었다.

미국 내 7,700만 명에 이르는 가톨릭 신자들(그리고 교황의 메시지에 귀를 기울이는 이보다 더 많은 미국인들)의 인식 제고를 위한 프란치스코 교황의 최근 캠페인에 부응해서, 기후행동을 위한 연합체가 조만간 결성될 것으로 보인다. 미국을 중심으로 활동할 이 단체는 지구촌 전체를 아우르는 국제 연합체의 지부가 될 것이다. 이와 같은 흐름에 버팀목으로 작용한 것이 파리 기후변화회담이다. 이 회담은 전 세계 각국이 지구온난화라는 재앙을 더 늦기 전에 예방하기 위해 인류의 문명과 화석연료 에너지의 결별이라는 하나의 목적으로 단결한 결과였다.

그럼에도 미국의 정치 상황은 여전히 극복하기 어려운 걸림돌로 남아 있다. 악명 높은 코크 형제를 위시한 화석연료 이익집단들은 공화당 내 기후 관련 중도파 인사들을 제거하려고 최선을 다했다. 그 결과, 노골적인 기후변화 부정론자들이 의회에 남아서 그 어느 때보다 강한 목소리를 내고 있다. 하지만 공화당 소속 유력 정치인들 중에는, 의원직에서 물러난 뒤에도, 기후변화에 대해 냉정하고도 사실에 기반을 둔 대화를 촉구하는 캠페인을 대중적으로 벌여온 인사들이 많다.

먼저 하원 과학·우주·기술위원장을 역임한 셔우드 볼러트(공화당, 뉴욕)를 꼽을 수 있다. 그는 오염산업 이익집단들의 자금을 지원받은 어느 반대자와 갈등을 빚은 뒤, 2007년 의정활동에서 은퇴했다. 그는 환경을 지키겠다는 신념을 바탕으로 초당적 조직인 기후보호연맹에 이사로 참여하고 언론매체에 칼럼을 기고하는 등 기후변화에 맞서는 행동에 꾸준히 나서고 있다. 일례로, 2010년 《워싱턴포스트》에 실은 칼럼 〈레이건당이 기후변화의 과학적 근거를 수용할 수 있을까?〉에서, 동료 공화당원들을

향해 기후변화 문제에 대한 전향적 태도를 촉구하기도 했다.[28]

하원의원을 지낸 밥 잉글리스(공화당, 사우스캐롤라이나)는 현역 의원 시절 거의 완벽한 보수 성향의 투표 기록을 자랑했던 인물이다.(미국보수연합은 그에게 93.5%의 생애투표점수를 부여했다.) 그러나 잉글리스는 지구에 대한 책무를 걱정하는 복음주의 기독교인으로서 기후변화에 대처하는 행동의 중요성을 공개적으로 강조하는 실수를 저질렀다. 이런 죄악을 범한 탓에, 그는 코크 형제가 후원하는 '티파티 공화당원' 트레이 가우디에 비해 '당성이 부족하다'는 이유로 당내 경선에서 패배했고, 안락한 의회 의석에서 쫓겨나고 말았다. 이후로 잉글리스는 보수주의자들에게 기후변화의 과학적 근거를 확신시키고 시장 기반의 해결책을 마련하는 것을 목적으로 '에너지와 기업 구상'이라는 단체를 설립해서 이끌었다. 최근에는 이런 노력을 인정받아 존 F. 케네디 재단에서 수여하는 용감한 인물 상을 수상했다.[29]

이 책 앞부분에서 언급한 것처럼, 공화당 소속 대통령 리처드 닉슨과 로널드 레이건, 조지 H. W. 부시는 환경 위협에 대한 규제적 해법을 한결같이 지지했다. 2013년, 이들 대통령 아래서 환경보호청장으로 일했던 4명이 《뉴욕타임스》에 '공화당의 기후행동 옹호론'이라는 제목으로 칼럼을 썼다.[30] 레이건 행정부에서 국무장관을 지낸 조지 슐츠도 2015년 《워싱턴포스트》에 실은 칼럼 〈기후변화에 대한 레이건의 접근법〉에서 레이건 역시 기후변화에 맞서 행동한 사람이라고 주장했다.[31]

공화당 소속 캘리포니아 주지사 시절 기후대책에 정책 초점을 맞추었던 아널드 슈워제네거 역시 지금은 기후변화의 위협에 초점을 맞춘 쇼타임 다큐멘터리 시리즈 〈기후변화: 위기의 시대〉를 공동 제작하고 있다.

여전히 상원에서 활동하는 존 매케인(공화당, 애리조나)과 린지 그레이엄(공화당, 사우스캐롤라이나)도 기후변화에 맞선 행동을 지지하는 태도를 견지하고 있다. 그러나 최근 몇 년 사이에 이 문제에 대해 비교적 말을 아껴왔는데, 최근 공화당을 통제하고 있는 이익집단들에게 기후변화 문제가 치명적이라는 사실을 잘 알고 있기 때문으로 보인다.

이들 기후 온건파가 기후변화와 관련한 공화당 내부의 논의 과정에서 당 전체를 개심시켜 정신을 차리도록 만들 수 있을까? 어렵겠지만, 그렇게 해야 할 것이다.

차기 대선은 기후에 관한 한 사실상 운명이 걸린 선거다. 우리가 최악의 기후변화를 모면하려면, 향후 몇 년간 적극적인 행동을 지속적으로 밀어붙여야 하기 때문이다. 대통령과 의회 모두가 한 배에 올라타야만 지구촌의 다른 나라들과 함께 노력해서 탄소 배출량 감축에 성공할 수 있고, 그래야만 최종적인 목표를 달성할 수 있다.

개인은 무엇을 할 수 있는가?

기후변화 문제는 워낙 광범위하고 논쟁적이어서 아예 생각하기도 싫은 사람들이 없지 않을 것이다. 하지만 외면은 더 이상 선택이 될 수 없다. 억지로라도 이 문제에 대해 생각하려고 노력하자. 그러면 어디서부터 시작해야 할까?

'정신병원을 떠나라.' 과학을 이야기할 때 더 이상 얼버무리지 말자. 지구온난화가 사실이 아니라거나 정확히 입증되지 않았다고 말하는 사람을 만난다면, 그 문제로 입씨름하지 말자. 그저 기후변화 부정론은 사실이 아니므로 더 이상 존중의 대상이 아니라고 정중히 말하자. 상대방이 근거를 요구한다면, 이 책을 건네자. IPCC나 국립과학원에서 펴낸 보고서를 일러줘도 좋겠다. 그가 모든 과학이 의문스럽다고 말한다면, 그런 관점은 피해망상으로 가득한 음모론의 흔적이 엿보인다고 말해주고 더 이상 논쟁하지 말자. 대신, 기후 문제의 해결에 이바지할 생각이 있어 보이는 합리적인 사람에게로 고개를 돌리자.

기후변화에 관한 과학적 근거는 굳건하다. 과학자들이 오랜 세월에 걸쳐 모든 각도에서 연구해왔기 때문이다. 이는 기후과학자들이 의견 일치에 도달했는지 여부와 무관한 이야기다. 압도적으로 우세한 사실들이 '일치'된 의견을 내놓고 있기 때문이다. 사람들은 지금 기후변화가 미치는 충격의 면면을 두 눈으로 똑똑히 보고 있다. 국면이 바뀌고 있다. 담배나 대기오염과 마찬가지로, 지금은 해결책에 대해 이야기하는 순서로 넘어가야 할 때다.

'재생에너지와 탄소가격제를 지지하고, 이런 의견을 대변할 사람에게 투표하자.' 탄소가격제는 당국이 제멋대로 불공정하게 거두는 징벌적 세금이 아니다. 우리가 공공재산인 대기에 공짜로 내버리고 있는 대단히 위험한 쓰레기에 대해 처리비용을 청구하는 당연한 행위일 뿐이다. 사람들이 길바닥에 쓰레기를 버리도록 내버려두지 않고 깨끗하게 수거해 가는 서비스에 값을 매기는 것이나 마찬가지다. 탄소가격제는 문제를 해결하기 위한 시장 주도적 접근법이다. 따라서 정치적으로는 보수파라도 탄소

가격제를 지지해야 옳다.

재생에너지는 여러분이 이 책을 읽는 지금도 진정한 실용의 세계를 향해 나아가고 있다. 그러나 사람들이 재생에너지를 더 많이 지지할수록, 온당한 보조금이 더 많이 지원되고, 더 많이 쓰이게 될 것이며, 규모의 경제가 더 빨리 작동하기 시작해서 에너지에 대한 증가 일로의 사회 수요를 충족하는 당당한 위치에 하루속히 올라설 것이다. 재생에너지는 그런 역할을 담당하기에 역부족이라고 비꼬는 사람을 만난다면, 화석연료를 이용한 전력 생산의 아버지 토머스 에디슨의 언급을 들려주라. 그는 '선견지명'이라는 표현에 새로운 의미를 부여하면서 이렇게 말한 바 있다. "나는 태양열 에너지에 돈을 걸겠다. 얼마나 대단한 전기의 원천인가! 석유와 석탄이 바닥날 때까지 기다렸다가 (태양열을 활용하려고) 씨름을 시작하는 일이 없으면 좋겠다."[32]

여러분이 에디슨을 탐탁지 않게 여긴다면, 또는 여러분이 지닌 현대적 감수성에 비추어 에디슨이 너무 옛날 사람이라면, 스페이스X와 페이팔, 테슬라 등으로 명성을 떨친 기업가이자 발명가이자 엔지니어인 일론 머스크의 언급에 주목하자. 그는 가장 최근에 출범시킨 사업인 태양발전 벤처기업 '솔라시티'의 사업 타당성을 설명하면서 이렇게 말했다. "태양이란, 대단히 편리하고 공짜로 이용할 수 있는, 하늘에 떠 있는 핵융합로다. 인류 전체가 1년 동안 소비하는 모든 자원보다 더 많은 에너지가 불과 몇 시간이면 지구에 내리쪼인다. 이 말은 인류 전체가 소비하는 전기보다 몇 자릿수나 많은 전기를 열전지판으로 얻을 수 있다는 뜻이다. 낮에 축적한 에너지를 밤에 쓸 수 있도록 배터리를 부착한 열전지판 말이다."[33] 이는 논쟁의 소지가 거의 없는 주장이라고 할 수 있다.

'**기후에 관해 훌륭한 발자취를 남겨온 단체에 가입하자.**' 언뜻 사회참
여과학자연합UCS이 떠오르는데, 이 밖에도 많은 단체가 있다. 이런 단체
의 회원이 되면, 정확한 정보를 수시로 공급받을 수 있다. 여러분이 공론
의 장에서 목소리를 높이거나 행동 지향적 어젠다를 지지하는 데 도움이
될 것이다.

'**기후에 투표하라!**' 우리는 특수한 이익집단이 아니라 시민들의 이해관
계를 대변할 정치인에게 표를 던져야 한다. 현재 진행 중인 대통령 선거
전을 보자. 이보다 더 차이가 극명한 선택의 대상들이 우리 앞에 나타난

적이 있었을까? 기후변화가 일어나고 있다는 압도적 근거를 거부하는 후보자와 탄소가격제 및 재생에너지 인센티브제를 열렬히 지지하는 후보자, 우리는 둘 중 한 사람을 찍어야 한다. 여러분이 지구를 아끼는 사람이라면, 선택은 분명해 보인다.

'지속 가능한 환경을 위한 투쟁이 다음 단계로 원활히 진화하도록 힘을 보태자.' 첫 번째 단계에서 우리의 주된 관심사는 강물에 녹아든 독약과 하늘에 떠도는 독극물이었다. 쓰레기 재활용 또는 지속 가능한 식량의 생산과 소비에 관한 것으로, 부분적 시스템들의 건강성을 추구하는

환경보호운동이었다. 그러나 이제 우리는 더 큰 무언가를 필요로 한다.

지금은 '지구 전체'를 보호하는 운동에 나서야 할 때다. 지구상의 모든 생명체가 위협받는 지경에 이르렀기 때문이다. 우리는 우주 탐험의 시대를 살면서 많은 것을 배워왔다. 이제는 우리가 그동안 배운 것에 주목할 때다. 지구 같은 행성이 얼마나 이례적으로 드문지, 얼마나 협소한 범위와 섬세한 조건이어야 생명체가 존재할 수 있는지 깨달았으니 말이다. 한때는 언젠가 지구와 비슷한 행성을 발견할 수 있을 것이라는 꿈을 꾸기도 했다. 하지만 우리는 그런 행성이 헤아릴 수 없을 만큼 멀리 떨어져 있다는 사실을 이미 알고 있다. 인류의 미래는 바로 여기, 우리 지구 위에 있다.

우주 탐험의 시대가 낳은 가장 잘못된 생각은 (여러분은 이런 말을 틀림없이 들어봤겠지만) "우리가 이 행성을 파괴하고 있으니, 새로운 행성을 찾아나서야 한다"는 사고방식이다. 아니다. 지구인들이 다른 행성으로 옮겨가는 일은 '없을' 것이다. 여러분 평생에, 아니 여러분의 자녀들 평생에 그런 일은 없을 것이다. 여러분의 자녀들의 자녀들의 자녀들의 자녀들 역시 그럴 수 없을 것이다. 지구상에 인간과 함께 존재하는, 그 무엇으로도 대신할 수 없는 무수한 생명체들도 마찬가지다.

우리는 이 행성을 파괴하지 않을 것이고, '파괴할 수도 없다'. 플래닛B란 존재하지 않기 때문이다. 드넓은 우주에서 지구 같은 행성이 발견될 가능성은 지극히 희박하다. 지구는 상상을 초월하는 다양성과 아름다움을 자랑하는 생명체들로 넘쳐나는 보물상자다. 그리고 우리에게 더없이 안성맞춤인 행성이다. 우리가 지구 환경에 맞춰 진화해왔기 때문이다. 우리가 방종한 탄소중독 탓에 이 소중한 지구를 치명적인 불균형 상태에

던져버린다면, 인류 역사상 가장 중대하고 지극히 무책임한 범죄행위가 될 것이다.

그러므로 우리에겐 해야 할 일이 있다. 우리에겐 주어진 임무가 있다. 보존해야 하는 바다가 있고, 보호해야 하는 열대림이 있다. 지켜야 하는 농경지와 해변이 있다. 수호자가 되어줄 무수한 생명체들의 화려하기 그지없는 공동체가 있다.

여기가 우리 집이다. 우리 집이라는 생각으로 행동에 나서야 할 때다.

감사의 말

마이클 만은 지난 몇 년 동안 도움과 응원을 아끼지 않은 여러분에게 감사한다. 먼저 가족에게 고마움을 전한다. 아내 로레인, 딸 메건, 부모님, 래리와 폴라, 형제들, 제이와 조나단, 그 밖에 만 집안, 선스타인 집안, 파인소드 집안, 샌티 집안의 여러분께 감사한다.

"사이언스 가이" 빌 나이에게 특히 고마움을 느낀다. 오랜 세월 변함없는 우정과 리더십으로 나를 지지해주었다.

강력한 이익집단들의 정치적인 공격으로부터 나를 비롯한 여러 과학자들을 지켜주고 기후정책과 관련한 논의를 정당한 방향으로 이끌어온 민주당과 공화당 소속 여러 정책결정자들에게도 큰 빚을 졌다. 대표적으로 셔우드 볼러트, 제리 브라운, 빌 클린턴, 힐러리 클린턴, 앨 고어, 마크 헤링, 밥 잉글리스, 제이 인슬리, 에드워드 마키, 테리 매컬리프, 존 매케인, 짐 모런, 해리 리드, 아널드 슈워제네거, 헨리 왁스먼, 셸던 화이트하우스, 그리고 이들의 여러 참모들에게 감사한다.

연구하기 좋은 환경을 조성해준 기상학과, 지구과학과 등 펜실베이니아주립대학교의 여러 동료 교직원들에게 감사한다. 그중에서 에릭 배런 총장, 그레이엄 스패니어 전 총장, 빌 이스터링 학장, 톰 리처드 에너지환경연구소장, 수 브랜틀리 지구환경시스템연구소 국장, 데이비드 스텐스러드 기상학과장, 빌 브룬 전임 학과장에게 특히 감사한다.

이 밖에도 존 에이브러햄, 켄 알렉스, 리처드 앨리, 레이 브래들리, 닉

카피노, 킴 코브, 포드 코크런, 존 쿡, 레일라 코너스, 제이슨 크롱크, 젠 크롱크, 하이디 컬렌, 프레드 데이먼, 커트 데이비스, 디디에 드 퐁텐, 브랜든 드밀, 스티브 돈트, 헨리 디아즈, 리어나도 디캐프리오, 파울로 도데리코, 피트 도미닉, 케리 이매뉴얼, 하위 엡스타인, 제니 에반스, 피트 폰테인, 피터 프럼호프, 호세 푸엔테스, 넬리 고르비아, 데이비드 그레이브스, 톰 하트먼, 토니 헤이미트, 벤 호튼, 맬컴 휴스, 잔 자렛, 필 존스, 짐 캐스팅, 빌 킨, 칼리 크레이더, 리 컴프, 데브 로렌스, 스콧 맨디아, 존 매쉬, 로저 맥콘치, 빌 맥키븐, 피트 마이어스, 소냐 밀러, 크리스 무니, 레이 나자르, 제럴드 노스, 마이클 오펜하이머, 나오미 오레스케스, 팀 오스본, 조나단 오버펙, 라젠드라 파차우리, 릭 필츠, 스테판 람스토프, 클리프 렉트샤펜, 앤드러 리드, 케서린 레일리, 스콧 루서포드, 배리 솔츠먼, 벤 샌터, 개빈 슈미트, 스티브 슈나이더, 유진 스콧, 드류 쉰들, 행크 슈가트, 데이비드 실버트, 피터 싱클레어, 데이브 스미스, 조디 솔로몬, 리처드 섬머빌, 아만다 스타우트, 에릭 스티그, 바이런 스타이먼, 션 서블렛, 래리 태너, 로니 톰슨, 킴 티글리, 데이브 티틀리, 케빈 트렌버스, 프레드 트레이즈, 애너 언러-코언, 데이브 버라도, 데이비드 블라데크, 니키 보, 버드 워드, 레이 웨이먼, 존 B. 윌리엄스 등 오랫동안 지원, 협력, 우정을 선사해준 친구들, 지지자들, 전현직 동료들에게 감사한다.

톰 톨스는 공저자에 비해 고마움을 잘 모르는 사람이 분명하다. 감사하다고 인사할 사람이 훨씬 적은 것을 보면 알 수 있다. 먼저 지난 14년 동안 톨스가 생산한 헤아릴 수 없이 많은 기후 관련 시사만평과 블로그를 참아주고 지지해준 《워싱턴포스트》 사설면 편집자 프레드 하야트에게 특별히 감사한다.

이 밖에도 기후 문제를 더 많이 이해하고 행동에 나서려고 노력한 모든 이에게 고맙다고 말하고 싶다. 지옥에서 보내온 난제라고 말해도 좋을 만큼 적대적인 정치 구조 안에서 설명하기도, 대처하기도 어려운 문제이기 때문이다. 한 걸음 한 걸음이 지루하고 대개는 생색도 안 나는 길이었을 텐데, 가야 할 길이 아직도 멀다.

특별히 오랜 세월 응원과 사랑으로 지지해준 아내 그레첸, 아만다와 세스, 형 조지 등 일가친지 여러분께 진심으로 고맙다는 말을 전한다.

공저자 두 사람은 컬럼비아대학교 출판부 직원들, 특히 과학담당 편집자 패트릭 피츠제럴드, 편집보조 라이언 그뢴딕, 선임 원고편집자 아이린 패빗, 선임 디자이너 밀렌다 리, 홍보팀장 메러디스 하워드, 선임 홍보담당자 피터 배럿에게 감사한다. 꼼꼼한 교열담당자 애니 바르바도 고맙다. 아울러 초고를 읽고 소중한 조언을 아끼지 않은 애런 휴어터스, 수전 조이-해솔, 조지프 롬, 매튜 네스빗, 조나단 코브 등 여러분의 노고에도 깊이 감사한다.

주석

1장 | 과학, 어떻게 작동하는가

1. Carl Sagan, *Cosmos* (New York: Random House, 1980), 333.
2. Carl Sagan, writer and host, "Encyclopaedia Galactica," Episode 12 of *Cosmos: A Personal Voyage*, PBS, December 14, 1980.
3. Carl Sagan, *Broca's Brain: Reflections on the Romance of Science* (New York: Random House, 1979), 64.
4. 구체적인 사례를 참고하려면 다음을 보라. Michael Mann, *The Hockey Stick and the Climate Wars: Dispatches from the Front Lines* (New York: Columbia University Press, 2013). 특히 업계의 후원을 받는 부정론자 폴 드리센을 주목하라.(202~204쪽)
5. 자세한 내용은 다음을 참고하라. Malcolm W. Browne, "Physicists Debunk Claim of a New Kind of Fusion," *New York Times*, May 3, 1989.
6. 구체적인 논의를 참고하려면 다음을 보라. Michael Mann, *The Hockey Stick and the Climate Wars*.
7. 애초의 하키스틱 연구(M. E. Mann, R. S. Bradley, and M. K. Hughes, "Northern Hemisphere Temperatures During the Past Millennium: Inferences, Uncertainties, and Limitations," *Geophysical Research Letters* 26 [1999]: 759-762)와 IPCC의 3차 보고서(*Climate Change 2001: The Scientific Basis. Contribution of Working Group I to the Third Assessment Report of the Intergovernmental Panel on Climate Change*, ed. J. J. McCarthy et al. [Cambridge: Cambridge University Press, 2001]) 모두 최근 북반구의 온도 상승 평균치가 '지난 1,000년 사이에' 전례가 없었을 '가능성이 높다'고 결론지었다. 나아가 IPCC 4차 보고서(*Climate Change 2007: The Physical Science Basis. Contribution of Working Group I to the Fourth Assessment Report of the Intergovernmental Panel on Climate Change*, ed. S. Solomon et al. [Cambridge: Cambridge University Press, 2007])는 그 결론을 확인하는 10여 개가 넘는 유효한 연구 결과에 근거해서 그 시간 범위를 '지난 1,300년'으로 넓히는 동시에 지난 400년 동안에는 그 '가능성이 아주 높다'고 신빙성의 수준을 높여서 기술했다. IPCC의 가장 최근 보고서(*Climate Change 2013: The*

Physical Science Basis. Contribution of Working Group I to the Fifth Assessment Report of the Intergovernmental Panel on Climate Change, ed. T. F. Stocker et al. [Cambridge: Cambridge University Press, 2013])는 결론의 적용 범위를 '지난 1,400년'으로 한층 확대했다. 누구든 그 내용을 올바르게 독해한다면, 기후과학에 관한 가장 철저하고도 최신의 판단인 IPCC의 평가 결과가 본래의 하키스틱 결론을 재확인할 뿐 아니라 상당히 강화 및 확장한다는 사실을 알 수 있을 것이다.

8. 2012년, PAGES 2k 컨소시엄을 대표하는 78명의 중견 고대기후과학자들이 연구팀을 구성했다. 이들은 지금까지 취합된 가장 광범위한 고대기후 데이터베이스에 근거해서 대규모 기온곡선을 새로이 재구성했다.(PAGES 2k Network, "Continental-Scale Temperature Variability During the Past Two Millennia," *Nature Geoscience* 6 [2013]: 339-346, doi:10.1038/NGEO1797) 이들은 최근 지구온난화가 적어도 1,300년 이래로 유례가 없는 현상이라고 결론지었다. 독일 고대기후학자 스테판 람스토프는 이들이 재구성한 온도곡선과 본래의 하키스틱 곡선을 직접 비교하면서 사실상 동일한 곡선이라고 밝혔다.("Most Comprehensive Paleoclimate Reconstruction Confirms Hockey Stick," *Climate Progress*, July 8, 2013, http://thinkprogress.org/climate/2013/07/08/2261531/most-comprehensive-paleoclimate-reconstruction-confirms-hockey-stick/)

9. 담배업계의 행태를 훌륭하게 요약한 자료가 필요하다면 다음을 보라. Naomi Oreskes and Eric M. Conway, *Merchants of Doubt: How a Handful of Scientists Obscured the Truth on Issues from Tobacco Smoke to Global Warming* (New York: Bloomsbury Press, 2010), chap. 1, "Doubt Is Our Product."

10. Michael Mann, *The Hockey Stick and the Climate Wars*.

11. Chris Mooney, *The Republican War on Science* (New York: Basic Books, 2005).

12. National Academy of Sciences, *Climate Change Science: An Analysis of Some Key Questions* (Washington, D.C.: National Academy of Sciences, 2001); Royal Society, "Joint Science Academies' Statement: Global Response to Climate Change," June 7, 2005, https://royalsociety.org/topics-policy/publications/2005/global-response-climate-change/

13. 인류가 야기한 기후변화 개념에 기본적으로 동의하는 과학 관련 단체 및 연구기관의 목록은 사회참여과학자연합 홈페이지를 참고하라. "Scientific Consensus on Global Warming," http://www.ucsusa.org/global_warming/science_and_impacts/science/scientific-consensus-on.html

14. David Michaels, *Doubt Is Their Product: How Industry's Assault on Science Threatens Your Health* (New York: Oxford University Press, 2008), 11.

15. John Oliver, "97% to 3% Climate Change Debate," *Last Week Tonight*, HBO, May 11, 2014, https://www.youtube.com/watch?v=cjuGCJJUGsg

16. John Cook et al., "Quantifying the Consensus on Anthropogenic Global Warming in the Scientific

Literature," *Environmental Research Letters* 8 (2013), doi:10.1088/1748-9326/8/2/024024.

17. 일례로 다음을 보라. Joe Romm, "Faux Pause: Ocean Warming, Sea Level Rise, and Polar Ice Melt Speed Up, Surface Warming to Follow," *Climate Progress*, September 25, 2013, http://thinkprogress.org/climate/2013/09/25/2562441/faux-pause-ocean-warming-speed-up/

2장 | 기후변화의 기본 개념

1. Spencer R. Weart, *The Discovery of Global Warming*, rev. ed. (Cambridge, Mass.: Harvard University Press, 2008), 7.

2. 이번 장에서 논의하는 과학적 근거의 출처는 다음과 같다. Michael E. Mann and Lee R. Kump, *Dire Predictions: Understanding Climate Change*, 2nd ed. (New York: DK, 2015); and Intergovernmental Panel on Climate Change, "Summary for Policymakers," in *Climate Change 2013: The Physical Science Basis. Contribution of Working Group I to the Fifth Assessment Report of the Intergovernmental Panel on Climate Change*, ed. T. F. Stocker et al. (Cambridge: Cambridge University Press, 2013), 1-27.

3. Michael E. Mann and Peter H. Gleick, "Climate Change and California Drought in the 21st Century," *Proceedings of the National Academy of Sciences* 112 (2015): 3858-3859.

4. J. O. Sewall and L. C. Sloan, "Disappearing Arctic Sea Ice Reduces Available Water in the American West," *Geophysical Research Letters* 31 (2004), doi:10.1029/2003GL019133.

5. C. H. Greene, J. A. Francis, and B. C. Monger, "Superstorm Sandy: A Series of Unfortunate Events?" *Oceanography* 26 (2013): 8-9.

6. Stefan Rahmstorf et al., "Evidence for an Exceptional 20th-Century Slowdown in Atlantic Ocean Overturning," *Nature Climate Change* 5 (2015): 475-480.

7. N. S. Diffenbaugh, M. Scherer, and R. J. Trapp, "Robust Increases in Severe Thunderstorm Environments in Response to Greenhouse Forcing," *Proceedings of the National Academy of Sciences* 110 (2013): 16361-16366; J. B. Eisner, S. C. Eisner, and T. H. Jagger, "The Increasing Efficiency of Tornado Days in the United States," *Climate Dynamics* 45 (2015): 651-659.

8. Michael Mann, *The Hockey Stick and the Climate Wars: Dispatches from the Front Lines* (New York: Columbia University Press, 2013), 84-87.

9. 일례로 다음을 보라. K. Emanuel, "Downscaling CMIP5 Climate Models Shows Increased Tropical Cyclone Activity over the 21st Century," *Proceedings of the National Academy of Sciences* 110 (2013): 12219-12224, doi:10.1073/pnas.1301293110.

10. 일례로 다음을 보라. K. E. Trenberth, J. T. Fasullo, and T. G. Shepherd, "Attribution of Climate Extreme Events" [review], *Nature Climate Change* 5 (2015): 725-730, doi:10.1038/

NCLIMATE2657.

11. R. Horton et al., "New York City Panel on Climate Change 2015 Report: Sea Level Rise and Coastal Storms," *Annals of the New York Academy of Sciences* 1350 (2015): 36-44, doi:10.1111/nyas.12593.

12. H. Leifert, "Sea Level Rise Added $2 Billion to Sandy's Toll in New York City," *Eos* 96 (2015), doi:10.1029/2015EO026349.

13. Michael E. Mann, "False Hope," *Scientific American*, April 2014, 78-81.

14. E. Rignot et al. "Widespread, Rapid Grounding Line Retreat of Pine Island, Thwaites; Smith, and Kohler Glaciers, West Antarctica, from 1992 to 2011," *Geophysical Research Letters* 41 (2014):3502-3509, doi:10.1002/2014GL060140.

15. James Hansen et al., "Assessing 'Dangerous Climate Change': Required Reduction of Carbon Emissions to Protect Young People, Future Generations, and Nature," *PLoS ONE* 8, doi:10.1371/journal.pone.0081648; A. Dutton et al., "Sea-Level Rise Due to Polar Ice-Sheet Mass Loss During Past Warm Periods," *Science* 349 (2013): 153-162, doi:10.1126/science.aaa4019.

3장 | 그게 나랑 무슨 상관이야?

1. 기후변화의 충격에 관한 상세한 논의를 살펴보려면 다음 문헌들을 참고하라. Michael E. Mann and Lee R. Kump, *Dire Predictions: Understanding Climate Change*, 2nd ed. (New York: DK, 2015); and Intergovernmental Panel on Climate Change (IPCC), "Summary for Policymakers," in *Climate Change 2014: Impacts, Adaptation, and Vulnerability. Part A: Global and Sectoral Aspects. Contribution of Working Group II to the Fifth Assessment Report of the Intergovernmental Panel on Climate Change*, ed. C. B. Field et al. (Cambridge: Cambridge University Press, 2014), 1-32.

2. 일례로 다음을 보라. Peter Gleick, "Water, Drought, Climate Change, and Conflict in Syria," *Weather, Climate & Society* 6 (2014): 331-340.

3. Brad Plumer, "New Forecast: The Earth Could Have 11 Billion People by 2100," *Vox*, September 18, 2014.

4. World Food Programme, "Hunger," 2016, https://www.wfp.org/hunger

5. John Vidal, "Millions Face Starvation as World Warms, Say Scientists," *Guardian*, April 13, 2013, http://www.theguardian.com/global-development/2013/apr/13/climate-change-millions-starvation-scientists

6. 일례로 다음을 보라. "In Hot Water: Columbia's Sockeye Salmon Face Mass Die-off," *Al Jazeera America*, July 27, 2015, http://america.aljazeera.com/articles/2015/7/27/half-of-columbia-rivers-

sockeye-salmon-dying-due-to-heat.html

7. Craig Welch, "Seachange: Oysters Dying as Coast Hit Hard," *Seattle Times*, September 11, 2013.

8. "Ogallala Aquifer," BBC News (online), n.d., http://news.bbc.co.uk/2/shared/spl/hi/world/03/world_forum/water/html/ogallala_aquifer.stm

9. 일례로 다음을 보라. R. Singh et al., "A Vulnerability Driven Approach to Identify Adverse Climate and Land Use Change Combinations for Critical Hydrologic Indicator Thresholds– Application to a Watershed in Pennsylvania, USA," *Water Resources Research* 50 (2014): 3409-3427, doi:10.1002/2013WR014988.

10. Jeff Masters, "U.S. Storm Surge Records," Weather Underground, n.d., http://www.wunderground.com/hurricane/surge_us_records.asp

11. 이와 같이 결론지은 까닭에 대해서는 다음 문헌을 참고하라. N. Lin et al., "Physically Based Assessment of Hurricane Surge Threat Under Climate Change," *Nature Climate Change* 2 (2012): 462-467.

12. Emma Batha, "Sahel Region Set to See Rise in 'Climate Refugees,'" Reuters, August 2, 2013, http://news.trust.org//item/20130802101500-bklf3/

13. White House, *White House Report: The National Security Implications of a Changing Climate*, May 20, 2015, https://www.whitehouse.gov/the-press–office/2015/05/20/white-house-report-national-security-implications-changing-climate

14. 이 내용과 관련한 데이터의 상당 부분은 DARA 및 기후취약국포럼(CVF)에서 펴낸 다음 문헌에서 찾아볼 수 있다. *Climate Vulnerability Monitor: A Guide to the Cold Calculus of a Hot Planet*, 2nd ed. (Madrid: Fundación DARA Internacional, 2012).

15. K. E. Trenberth, J. T. Fasullo, and T. G. Shepherd, "Attribution of Climate Extreme Events," *Nature Climate Change* 5 (2015): 725-730, http://dx.doi.org/10.1038/nclimate2657

16. Brandon Keim, "Russian Heat, Asian Floods May Be Linked," *Wired*, August 10, 2010, http://www.wired.com/2010/08/russian-heat-asian-floods/

17. Vladimir Petoukhov et al., "Quasiresonant Amplification of Planetary Waves and Recent Northern Hemisphere Weather Extremes," *Proceedings of the National Academy of Sciences* 110 (2013): 5336-5341. See also Stephen Leahy, "Killer Heat Waves and Floods Linked to Climate Change," Inter Press Service, February 27, 2013, http://www.ipsnews.net/2013/02/killer-heat-waves-and-floods-linked-to-climate-change/

18. 다음에서 인용함. "NASA Chief Questions Urgency of Global Warming," *Morning Edition*, National Public Radio, May 31, 2007, http://www.npr.org/templates/story/story.php?storyId=10571499

19. National Climatic Data Center, National Oceanic and Atmospheric Administration, "Billion-Dollar

Weather/Climate Disasters," n.d., https://www.ncdc.noaa.gov/billions/summary-stats

20. H. Leifert, "Sea Level Rise Added $2 Billion to Sandy's Toll in New York City," *Eos* 96 (2015), doi:10.1029/2015EO026349.

21. Bob Berwyn, "Ski Industry Sees $1 billion in Global Warming Losses," *Summit Voice*, December 6, 2012, http://summitcountyvoice.com/2012/12/06/report-ski-industry-sees-1-billion-in-global-warming-losses/

22. Wendy Koch, "Climate Change, Extreme Weather Spike Food Prices," *USA Today*, November 28, 2011, http://content.usatoday.com/communities/greenhouse/post/2011/11/climate-change-extreme-weather-spike-food-prices/1#.Va_Ef7eGpK4

23. DARA and the Climate Vulnerable Forum, *Climate Vulnerability Monitor*.

24. IPCC, "Summary for Policymakers."

25. M. L. Weitzman, "Fat Tails and the Social Cost of Carbon," *American Economic Review* 104 (2014): 544-546.

26. I. Allison et al., *The Copenhagen Diagnosis, 2009: Updating the World on the Latest Climate Science* (Sydney: Climate Change Research Centre, University of New South Wales, 2009).

27. Pope Francis, "Address of His Holiness Pope Francis to the Members of the Diplomatic Corps Accredited to the Holy See," January 13, 2014, http://w2.vatican.va/content/francesco/en/speeches/2014/january/documents/papa-francesco_20140113_corpo-diplomatico.html

28. 다음에서 인용함. Kimberly Winston, "Pope Francis Fan Club Takes to the Media After Encyclical," *Religion News Service*, June 18, 2015.

29. Marcia McNutt, "Tlie Beyond-Two-Degree Inferno" [editorial], *Science*, July 3, 2015, 7, doi:10.1126/science.aac8698.

4장 | 부정의 단계들

1. 기후변화 반대론 잡지에 실린 독일의 어느 고등학교 교사의 논문을 참고하라. 그는 대기 중 CO_2 농도의 상승을 반박하기 위해 대표성이 없고 오염된 소수의 도시지역 기록들을 바탕으로 삼고 있다. Ernst-Georg Beck, "180 Years of Atmospheric CO_2 Gas Analysis by Chemical Methods," *Energy and Environment* 18 [2007]: 259-282. 이 문제에 관해 한층 상세한 논의를 살펴보려면 다음을 보라. Michael Mann, *The Hockey Stick and the Climate Wars: Dispatches from the Front Lines* (New York: Columbia University Press, 2013), 25.

2. 이 문제는 다음 문헌에서 상세히 논의한 바 있다. Michael Mann, *The Hockey Stick and the Climate Wars*, 181-183.

3. 이처럼 수상한 접근법의 기원은 은퇴한 MIT 기후변화 부정론자 리처드 린젠이 보낸 이메일

로 보인다. 해당 이메일은 기후변화 부정론자 앤서니 와츠가 누출시킨 것으로 그 내용은 다음과 같다. "첨부파일을 확인하십시오. 1997년 이후로 온난화 현상이 없었고, 1995년 이후로도 통계적으로 중요한 온난화가 없었습니다. 1998년의 이례적인 엘니뇨에 대한 논쟁을 왜 신경 씁니까? … 행운을 빌며, 딕." ("A Note from Richard Lindzen on Statistically Significant Warming," *WUWT: Watts Up With That*, March 11, 2008, https://wattsupwiththat.com/2008/03/11/a-note-from-richard-lindzen-on-statistically-significant-warming/)

4. Stephan Lewandowsky et al., "Seepage: Climate Change Denial and Its Effect on the Scientific Community," *Global Environmental Change* 33 (2015): 1-13.

5. Michael E. Mann, "False Hope: Earth Will Cross the Climate Danger Threshold by 2036," *Scientific American*, March 18, 2014, http://www.scientificamerican.com/article/earth-will-cross-the-climate-danger-threshold-by-2036/

6. 일례로 다음을 보라. Byron A. Steinman, Michael E. Mann, and Sonya K. Miller, "Atlantic and Pacific Multidecadal Oscillations and Northern Hemisphere Temperatures," *Science* 347 (2015): 988-991. 이 논문에 대한 비학술적 설명을 참고하려면 다음을 보라. Michael E. Mann, "Climate Oscillations and the Global Warming Faux Pause," *Huffington Post*, February 26, 2015, http://www.huffingtonpost.com/michael-e-mann/climate-change-pause_b_6671076.html

7. Michael Mann, *The Hockey Stick and the Climate Wars*, 57.

8. 프레드 구테를 기자는 린젠이라는 인물을 소개하면서 이렇게 언급했다. "걸핏하면 반대한다고 목소리를 높이는 역할이 아주 마음에 드는 모양이다. 심지어 폐암과 흡연의 상관관계가 얼마나 약한지에 대해 자세히 설명하려 든다."("The Truth About Global Warming: The Forecasts of Doom Are Mostly Guesswork, Richard Lindzen Argues—and He Has Bush's Ear," *Newsweek*, July 23, 2001) NASA에서 기후담당 수석연구원을 지낸 제임스 핸슨은 백악관 기후변화 태스크 포스 회의에서 만난 린젠을 이렇게 기억한다. "아직도 흡연과 폐암이 아무 상관 없다고 생각하는지 린젠에게 묻고 싶었다. 수십 년 전에 담배회사 쪽 증인으로 나서서 흡연과 질병의 통계적 관련성에 의문을 던진 사람이었기 때문이다. 하지만 함부로 물었다간 얼굴을 붉힐 것 같아서 그만두기로 했다. 다음번 회의에서 다시 만났을 때, 결국 이 질문을 건네고 말았다. 그러자 놀라운 반응이 돌아왔다. 그가 흡연을 건강상의 문제와 결부시키는 데이터의 온갖 문제점을 줄줄 읊어대는 것이 아닌가. 기후 관련 데이터를 바라보는 그의 관점과 대단히 유사하다고 느꼈다."(*Storms of My Grandchildren: The Truth About the Coming Climate Catastrophe and Our Last Chance to Save Humanity* [New York: Bloomsbury Press, 2010], 16)

9. Michael Mann, *The Hockey Stick and the Climate Wars*, 69.

10. 구름의 양성 피드백을 지지하는 최근 연구 성과들로는 다음 문헌들을 꼽을 수 있다. A. E. Dessler, "A Determination of the Cloud Feedback from Climate Variations over the Past Decade," *Science* 330 (2010): 1523-1527; and S. C. Sherwood, S. Bony, and J. Dufresne, "Spread in Model

Climate Sensitivity Traced to Atmospheric Convective Mixing," *Nature* 505 (2014): 37-42.

11. Michael Mann, *The Hockey Stick and the Climate Wars*, 69.

12. James Taylor, "New NASA Data Blow Gaping Hole in Global Warming Alarmism" [press release], *Yahoo! News*, July 27, 2011, http://news.yahoo.com/nasa-data-blow-gaping-hold-global-warming-alarmism-192334971.html

13. 사건의 전체적인 개요는 사퇴한 수석편집자 볼프강 와그너가 사설로 기록해서 게재한 바 있다. "Taking Responsibility on Publishing the Controversial Paper 'On the Misdiagnosis of Surface Temperature Feedbacks from Variations in Earth's Radiant Energy Balance' by Spencer and Braswell, *Remote Sens.* 2011, 3(8), 1603—1613," *Remote Sensing* 3 (2011): 2002—2004, doi:10.3390/rs3092002.

14. U.S. Fish and Wildlife Service, "Polar Bear (*Ursus maritimus*)," ECOS: Environmental Conservation Online System, n.d., https://ecos.fws.gov/ecp0/profile/speciesProfile?spcode=A0IJ; International Union for Conservation of Nature and Natural Resources, "*Ursus maritimus*," IUCN Red List of Threatened Species, 2015, http://www.iucnredlist.org/details/22823/0

15. Bjorn Lomborg, "Let the Data Speak for Itself [sic]," *Guardian*, October 14, 2008, http://www.theguardian.com/commentisfree/2008/oct/14/climatechange-scienceofclimatechange

16. 과학 전문기자 그렉 레이든이 두 차례 논평한 내용을 보라. "Bjorn Lomborg WSJ Op Ed Is Stunningly Wrong," *ScienceBlogs*, February 3, 2015, http://scienceblogs.com/gregladen/2015/02/03/bjorn-lomborg-did-not-get-facts-straight/, and "Lomborg in Oz," *ScienceBlogs*, April 23, 2015, http://scienceblogs.com/gregladen/2015/04/23/lomborg-in-oz/

17. 롬보르 식 왜곡의 더 큰 패턴에 대해서는 다음을 보라. Howard Friel, *The Lomborg Deception: Setting the Record Straight About Global Warming* (New Haven, Conn.: Yale University Press, 2011).

18. 이런 주장은 기후변화 부정론자들 사이에서 수시로 거론되고 있다. 대표적인 사례를 참고하려면 다음을 보라. Green Agenda, "What About Greenland?" http://www.green-agenda.com/greenland.html

19. 그린란드의 지표면은 대략 77만 2,000평방마일(200만 평방킬로미터)이다. 그러나 해수면이 16피트(5미터) 상승할 경우, 전 세계에서 거의 154만 4,000평방마일(400만 평방킬로미터)에 달하는 해안지역이 물속으로 가라앉을 것이다. Michael E. Mann and Lee R. Kump, *Dire Predictions: Understanding Climate Change*, 2nd ed. [New York: DK, 2015], 12—13.

20. 일례로 다음을 보라. Roger Pielke Jr., "Disasters Cost More Than Ever—but Not Because of Climate Change," *FiveThirtyEight*, March 19, 2014, https://fivethirtyeight.com/features/disasters-cost-more-than-ever-but-not-because-of-climate-change/

21. International Federation of Red Cross and Red Crescent Societies, *World Disasters Report* (Geneva:

International Federation of Red Cross and Red Crescent Societies, 2014), http://www.ifrc.org/ publications-and-reports/world-disasters-report/world-disasters-report-2014/

22. Eric Reguly, "No Climate-Change Deniers to Be Found in the Reinsurance Business," *Globe and Mail*, November 28, 2013, http://www.theglobeandmail.com/report-on-business/rob-magazine/ an-industry-that-has-woken-up-to-climate-change-no-deniers-at-global-resinsurance-giant/ article15635331

23. David Roberts, "Our Old Friend," *Grist*, January 30, 2007, http://grist.org/article/house-committee-hearings-on-politicization-of-climate-science-guess-who-the/

24. Kerry Emanuel, "MIT Climate Scientist Responds on Disaster Costs and Climate Change," *FiveThirtyEight*, March 31, 2014, http://fivethirtyeight.com/features/mit-climate-scientist-responds-on-disaster-costs-and-climate-change/; Neville Nicholls, "Comments on 'Have Disaster Losses Increased Due to Anthropogenic Climate Change?'" *Bulletin of the American Meteorological Society* 92 (2011): 791.

25. 다음에서 인용함. Michael Babad, "Exxon Mobil CEO: 'What Good Is It to Save the Planet If Humanity Suffers?'" *Globe and Mail*, May 30, 2013, http://www.theglobeandmail.com/report-on-business/top-business-stories/exxon-mobil-ceo-what-good-is-it-to-save-the-planet-if-humanity-suffers/article12258350/

26. 일례로 다음을 보라. Bill Gates, "Two Videos That Illuminate Energy Poverty," *GatesNotes*, June 25, 2014, http://www.gatesnotes.com/Energy/Two-Videos-Illuminate-Energy-Poverty-Bjorn-Lomborg

27. Paul Thacker, "The Breakthrough Institutes Inconvenient History with Al Gore," Edmond J. Safra Center for Ethics, Harvard University, April 14, 2014, http://ethics.harvard.edu/blog/ breakthrough-institutes-inconvenient-history-al-gore

28. 브레이크스루연구소의 주요 후원자들 중에는 신시아와 조지 미첼 재단이 있다. 조지 미첼이 천연가스 시추 및 프래킹으로 벌어들인 돈으로 세운 재단이다.("Who Funds Us," http:// thebreakthrough.org/about/funders/) 이 재단은 천연가스의 지속적인 시추를 옹호한다.("Shale Sustainability," Cynthia & George Mitchell Foundation, n.d., http://www.cgmf.org/p/shale-sustainability-program.html)

29. Pope Francis, "Address of His Holiness Pope Francis to the Members of the Diplomatic Corps Accredited to the Holy See," January 13, 2014, http://w2.vatican.va/content/francesco/en/ speeches/2014/january/documents/papa-francesco_20140113_corpo-diplomatico.html

30. R. Jai Krishna, "Renewable Energy Powers Up Rural India," *Wall Street Journal*, July 29, 2015, http://www.wsj.com/articles/renewable-energy-powers-up-rural-india-1438193488

31. Pope Francis, "Address of His Holiness Pope Francis"; Department of Defense, "DoD Releases

Report on Security Implications of Climate Change," July 29, 2015, http://www.defense.gov/news/newsarticle.aspx?id=129366. The Defense Department report notes that "global climate change will aggravate problems such as poverty, social tensions, environmental degradation, ineffectual leadership and weak political institutions that threaten stability in a number of countries."

32. "World Bank Says Climate Change Could Thrust 100 Million into Deep Poverty by 2030," Fox News, November 8, 2015, http://www.foxnews.com/world/2015/11/08/world-bank-says-climate-change-could-thrust-100-million-into-deep-poverty-by/

5장 | 기후과학과의 전쟁

1. Jethro Mullen, Yoko Wakatsuki, and Chandrika Narayan, "Hiroo Onoda, Japanese Soldier Who Long Refused to Surrender, Dies at 91," CNN, January 17, 2014, http://www.cnn.com/2014/01/17/world/asia/japan-philippines-ww2-soldier-dies/

2. Chris Mooney, *The Republican War on Science* (New York: Basic Books, 2005).

3. David Michaels, *Doubt Is Their Product: How Industry's Assault on Science Threatens Your Health* (New York: Oxford University Press, 2008), 4.

4. Naomi Oreskes and Eric M. Conway, *Merchants of Doubt: How a Handful of Scientists Obscured the Truth on Issues from Tobacco Smoke to Global Warming* (New York: Bloomsbury Press, 2010).

5. Ibid., chaps. 1 and 5.

6. Rachel Carson, *Silent Spring* (Boston: Houghton Mifflin, 1962).

7. 다음에서 인용함. Christopher J. Bosso, *Pesticides and Politics: The Life Cycle of a Public Issue* (Pittsburgh: University of Pittsburgh Press, 1987), 116.

8. Robin McKie, review of *Merchants of Doubt*, by Naomi Oreskes and Eric M. Conway, Observer, August 7, 2010, http://www.theguardian.com/books/2010/aug/08/merchants-of-doubt-oreskes-conway

9. Competitive Enterprise Institute, "Dangerous Legacy," 2016, http://www.rachelwaswrong.org

10. G. E. Likens, F. H. Bormann, and N. M. Johnson, "Acid Rain," *Environment* 14 (1972): 33-40; G. E. Likens and F. H. Bormann, "Acid Rain: A Serious Regional Environmental Problem," *Science* 184 (1974): 1176-1179.

11. Naomi Oreskes and Eric M. Conway, *Merchants of Doubt*, chap. 3.

12. Center for Public Integrity, "Stealth PACs Revealed," February 9, 2000, http://www.publicintegrity.org/2000/02/09/3311/stealth-pacs-revealed; Lee Fang, "Promoting Acid Rain to Climate Denial:

Over 20 Years of David Koch's Polluter Front Groups," Center for American Progress, April 1, 2010, http://thinkprogress.org/climate/2010/04/01/174612/koch-pollution-astroturf-2deca/

13. 다음에서 인용함. *Chemical Week*, July 16, 1975.

14. Naomi Oreskes and Eric M. Conway, *Merchants of Doubt*, chap. 4.

15. Chris Mooney, *Republican War on Science*, 4.

16. Naomi Oreskes and Eric M. Conway, *Merchants of Doubt*, passim.

17. Sharon Begley, "The Truth About Denial," *Newsweek*, August 13, 2007.

18. Naomi Oreskes and Eric M. Conway, *Merchants of Doubt*, chap. 2.

19. Michael Mann, *The Hockey Stick and the Climate Wars: Dispatches from the Front Lines* (New York: Columbia University Press, 2013), 65.

20. Ibid., 84-87.

21. Robert Proctor, "Manufactured Ignorance," review of *Merchants of Doubt*, by Naomi Oreskes and Eric M. Conway, *American Scientist*, September-October 2010, http://www.americanscientist. org/bookshelf/pub/manufactured-ignorance

22. 프레더릭 사이츠에 관한 (그가 내놓은 주장들부터 담배 및 석유산업과의 관련성, 담배 및 화석 연료의 부정적 충격을 부인하는 과정에서의 역할에 이르기까지 모든 것을 담고 있는) 정보를 참 고하려면 다음을 보라. Naomi Oreskes and Eric M. Conway, *Merchants of Doubt*, 5-6, 8-9, 10-11, 25-29, 35, 36, 37, 54, 56, 151, 186-190, 208-210, 213-214, 238, 244-245, 270-271.

23. 다음에서 인용함. James Hoggan and Richard Littlemore, *Climate Cover-Up: The Crusade to Deny Global Warming* (Vancouver: Greystone Books, 2009), 90.

24. Michael Mann, *The Hockey Stick and the Climate Wars*, 66.

25. Ibid.

26. SEPP는 필립모리스, 텍사코, 몬산토로부터 돈을 받아왔다. Keith Hammond, "Wingnuts in Sheep's Clothing," *Mother Jones*, December 4, 1997.

27. Richard Littlemore, "The Deniers? The World Renowned Scientist Who Got Al Gore Started," *DeSmogBlog*, April 16, 2008, http://www.desmogblog.com/the-deniers-the-world-renowned-scientist-who-got-al-gore-started

28. Dan Harris et al., "Global Warming Denier: Fraud or 'Realist'?" ABC News, March 23, 2008, http://abcnews.go.com/Technology/GlobalWarming/story?id=4506059&page=i

29. Naomi Oreskes and Eric M. Conway, *Merchants of Doubt*, 20.

30. Justin Gillis and John Schwartz, "Deeper Ties to Corporate Cash for Doubtful Climate Researcher," *New York Times*, February 21, 2015.

31. Naomi Oreskes and Eric M. Conway, *Merchants of Doubt*, 245. A "Potemkin village" is a fake village built to fool and impress visitors.

32. 이들이 화석연료업계(특히 코크인더스트리, 엑손모빌)로부터 후원금을 받았다는 증거에 대해서는 다음을 참고하라. Greenpeace USA, "Koch Industries: Secretly Funding the Climate Denial Machine," March 2010, http://www.greenpeace.org/usa/global-warming/climate-deniers/koch-industries/; Ross Gelbspan, *Boiling Point: How Politicians, Big Oil and Coal, Journalists, and Activists Are Fueling the Climate Crisis—and What We Can Do to Avert Disaster* (New York: Basic Books, 2004); Naomi Oreskes and Eric M. Conway, *Merchants of Doubt*; and James Lawrence Powell, *The Inquisition of Climate Science* (New York: Columbia University Press, 2011).

33. Robert Proctor, "Manufactured Ignorance."

34. James Lawrence Powell, *Inquisition of Climate Science*, 57.

35. 오레스케스와 콘웨이는 『의심을 파는 장사꾼들』에서 싱어를 비롯한 수많은 기후변화 부정론자들이 간접흡연과 질병의 연관성을 입증하는 근거에 대해 문제를 제기한 필립모리스의 어용단체 TASSC에서 고문으로 활동했다고 지적한 바 있다.

36. Ibid., 150, 151, 238, 247, 253.

37. Chris Mooney, *Republican War on Science*, 67-68.

38. Tom Philpott, "Did Scientists Just Solve the Bee Collapse Mystery?" *Mother Jones*, May 20, 2014, http://www.motherjones.com/tom-philpott/2014/05/smoking-gun-bee-collapse. See also "Bees Prefer Foods Containing Neonicotinoid Pesticides," *Nature*, May 7, 2015, 74-76.

39. "A Sharp Spike in Honeybee Deaths Deepens a Worrisome Trend,"' *New York Times*, May 13, 2015, http://www.nytimes.com/2015/05/14/us/honeybees–mysterious-die-off-appears-to-worsen.html?_r=o

40. 다음에서 인용함. Sara Jerving, "Syngenta's Paid Third Party Pundits Spin the 'News' on Atrazine," *PR Watch*, Center for Media and Democracy, February 7, 2012, http://www.prwatch.org/news/2012/02/11276/syngentas-paid-third-party-pundits-spin-news-atrazine

41. Steven J. Milloy, "Freaky-Frog Fraud," Fox News, November 8, 2002, http://www.foxnews.com/story/2002/11/08/freaky-frog-fraud.html, quoted in Sara Jerving, "Syngenta's Paid Third Party Pundits Spin the 'News' on Atrazine."

42. 밀로이는 존스홉킨스대학교 자연과학 학사학위를, 같은 대학교 보건대학원에서 석사학위를 취득했다. 그러나 과학 분야의 박사학위는 없다. 그는 볼티모어대학교에서 법학박사 학위를, 조지타운대학교 로스쿨에서 법학석사 학위를 취득했다.

43. Chris Mooney, *Republican War on Science*, 67-68.

44. Paul Thacker, "Smoked Out," *New Republic*, February 6, 2006, http://www.newrepublic.com/article/104858/smoked-out, quoting Fox News.

45. Henry I. Miller, "Rachel Carsons Deadly Fantasies," *Forbes*, September 5, 2012, https://www.

forbes.com/sites/henrymiller/2012/09/05/rachel-carsons-deadly-fantasies/#3268840e2484

46. "Henry I. Miller," *Sourcewatch*, last modified April 23, 2015, http://www.sourcewatch.org/index. php/Henry_I._Miller

47. Keith Hammond, "Wingnuts in Sheep's Clothing." See also J. Justin Lancaster, "The Cosmos Myth," OSS: Open Source Systems, Science, Solutions, updated July 6, 2006, http://ossfoundation. us/projects/environment/global-warming/myths/revelle-gore-singer-lindzen; and "A Note About Roger Revelle, Justin Lancaster, and Fred Singer," *Blogspot*, September 13, 2004, http:// www.rabett.blogspot.com (contains a comment by Justin Lancaster stating his views about these matters).

48. S, Fred Singer, "Gore's 'Global Warming Mentor,' in His Own Words," Heartland Institute, January 1, 2000, https://www.heartland.org/news-opinion/news/gores-global-warming-mentor- in-his-own-words?source=policybot

49. Carolyn Revelle Hufbauer, "Global Warming: What My Father Really Said" [op-ed], *Washington Post*, September 13, 1992, https://www.washingtonpost.com/archive/opinions/1992/09/13/ global-warming-what-my-father-really-said/5791977b-74b0-44f8-a40c-c1a5df6f744d/?utm_term=. d1a0fa0b6592

50. 다음에서 인용함. Ed Regis, "The Doomslayer," *Wired*, February 1997.

51. Union of Concerned Scientists, "World Scientists' Warning to Humanity," November 18, 1992, http://www-formal.stanford.edu/jmc/progress/ucs-statement.txt

52. "A Joint Statement by Fifty-eight of the World's Scientific Academies," in National Academy of Sciences, *Population Summit of the World's Scientific Academies* (Washington, D.C.: National Academies Press, 1993), ii, http://www.nap.edu/openbook.php?record_id=9148&page=R2

53. Michael Mann, *The Hockey Stick and the Climate Wars*, 76.

54. 다음에서 인용함. Jonathan Schell, "Our Fragile Earth," *Discover*, October 1989 (emphasis added).

55. Julian L. Simon, "Resources and Population: A Wager," *American Physical Society Newsletter*, March 1996, http://www.aps.org/publications/apsnews/199603/upload/mar96.pdf, emphasis added.

56. Intergovernmental Panel on Climate Change, *Climate Change 1995: The Science of Climate Change, Contribution of Working Group I to the Second Assessment Report of the Intergovernmental Panel on Climate Change*, ed. J. T. Houghton et al. (Cambridge: Cambridge University Press, 1995), 22.

57. Benjamin D. Santer reported Singer's accusation in *Hearing Before the House Select Committee on Energy Independence and Global Warming*, 111th Cong., 2nd sess., May 20, 2010.

58. Marc Morano, "Kerry 'Unfit to Be Commander-in-Chief,' Say Former Military Colleagues," CNS,

May 3, 2004.

59. Marc Morano, "Time for Meds? NASA Scientist James Hansen Endorses Book Which Calls for 'Ridding the World of Industrial Civilization'—Hansen Declares Author 'Has It Right ... the System Is the Problem,'" *Climate Depot*, January 22, 2010, http://www.climatedepot.com/a/7355/a/4993/Time-for-Meds-NASA-scientist-James-Hansen-endorses-book-which-calls-for-ridding-the-world-of-Industrial-Civilization-ndash-Hansen-declares-author-has-it-rightthe-system-is-the-problem

60. 다음에서 인용함. Clive Hamilton, "Silencing the Scientists: The Rise of Right-Wing Populism," *Our World*, March 2, 2011, http://ourworld.unu.edu/en/silencing-the-scientists-the-rise-of-right-wing-populism/#authordata

61. 마이클 만을 향한 공격은 다음 책의 여러 대목에서 언급한 바 있다. Michael Mann, *The Hockey Stick and the Climate Wars*.

6장 | 위선자여, 그대 이름은 기후변화 부정론자

1. Scott Harper, "Lawmakers Avoid Buzzwords on Climate Change Bills," *Virginia-Pilot*, June 10, 2012, http://hamptonroads.com/2012/06/lawmakers-avoid-buzzwords-climate-change-bills

2. 이 사건에 대한 상세한 설명을 참고하려면 다음을 보라. Michael Mann, *The Hockey Stick and the Climate Wars: Dispatches from the Front Lines* (New York: Columbia University Press, 2013), 84–87. 톰 톨스 역시 이 문제에 관해 시사만평 두 점을 선보인 바 있다. 쿠치넬리의 행동을 "마녀사냥"으로 규정한 까닭을 살펴려면 다음 사설을 참고하라. "Ken Cuccinelli's Climate-Change Witch Hunt" [editorial], *Washington Post*, March 11, 2012, https://www.washingtonpost.com/opinions/ken-cuccinellis-climate-change-witch-hunt/2012/03/08/gIQApmdu5R_story.html

3. Michael Mann, *The Hockey Stick and the Climate Wars*, 110.

4. Joe Romm, "Ken Cuccinellis New Business Will Not Survive Climate Change," Center for American Progress," January 6, 2015, http://thinkprogress.org/climate/2015/01/06/3608217/ken-cuccinelli-irony-alert/

5. "Prosecutors Say McDonnell Should Begin Prison Term," *Daily Press*, August 14, 2015, http://www.dailypress.com/news/dp-ap-prosecutors-oppose-mcdonnell-bid-story.html

6. Jennifer Weeks and *Daily Climate*, "Whatever You Call It, Sea Level Rises in Virginia," *Scientific American*, August 21, 2012, http://www.scientificamerican.com/article/whatever-you-call-it-sea-level-rises-in-virginia/

7. Kate Sheppard, "North Carolina Wishes Away Climate Change," *Mother Jones*, June 1, 2012, http://www.motherjones.com/blue-marble/2012/05/north-carolina-wishes-away-climate-change

8. Brian Merchant, "10 Feet of Global Sea Level Rise Is Now Guaranteed," *Motherboard*, May 12, 2014, http://motherboard.vice.com/read/10-feet-of-global-sea-level-rise-now-inevitable. See also Elizabeth Kolbert, "The Siege of Miami," *New Yorker*, December 21 and 28, 2015, http://www.newyorker.com/magazine/2015/12/21/the-siege-of-miami

9. Doyle Rice, "Fla. Gov. Bans the Terms 'Climate Change,' 'Global Warming,'" *USA Today*, March 9, 2015, http://www.usatoday.com/story/weather/2015/03/09/florida-governor-climate-change-global-warming/24660287/

10. Stephen Stromberg, "Rubio's Intellectually Hollow Position on Climate Change," *Washington Post*, April 19, 2015, http://www.washingtonpost.com/blogs/post-partisan/wp/2015/04/19/rubios-intellectually-hollow-position-on-climate-change/

11. J. Hoggan and R. Littlemore, *Climate Cover-Up: The Crusade to Deny Global Warming* (Vancouver: Greystone Books, 2009), 96.

12. Senator James M. Inhofe (R-Okla.), "Climate Change Update" [floor speech], Senate, 108th Cong., 2nd sess., January 4, 2005.

13. Michael Mann, *The Hockey Stick and the Climate Wars*, 117-119.

14. Gavin Schmidt and Michael Mann, "Inhofe and Crichton: Together at Last!" *RealClimate*, September 28, 2015, http://www.realclimate.org/index.php/archives/2005/09/inhofe-and-crichton-together-at-last/

15. Chris Mooney, *Storm World: Hurricanes, Politics, and the Battle over Global Warming* (New York: Harcourt, 2007), 89.

16. "Gray and Muddy Thinking About Global Warming," *RealClimate*, April 26, 2006, http://www.realclimate.org/index.php/archives/2006/04/gray-on-agw/?wpmp_tp=1

17. 다음에서 인용함. Gavin Schmidt and Michael Mann, "Inhofe and Crichton."

18. Stephen Lacey, "After Getting Sick from Algae Bloom Exacerbated by Heat Wave and Drought, Inhofe Jokes the 'Environment Strikes Back,'" Center for American Progress, July 1, 2011, http://thinkprogress.org/climate/2011/07/01/259859/algae-bloom-sick-inhofe/; "2011 Texas Drought Was 20 Times More Likely Due to Warming, Study Says," NBC News, July 10, 2012, http://usnews.nbcnews.com/_news/2012/07/10/12665235-2011-texas-drought-was-20-times-more-likely-due-to-warming-study-says?lite

19. "Climate Myths from Joe Barton," *Skeptical Science*, n.d., https://www.skepticalscience.com/skepticquotes.php?s=31

20. Michael Mann, *The Hockey Stick and the Climate Wars*, 160, 164-175, 241-244.

21. Richard Adams, "Joe Barton: The Republican Who Apologised to BP," *Guardian*, June 17, 2010, http://www.theguardian.com/world/richard-adams-blog/2010/jun/17/joe-barton-bp-apology-oil-

spill-republican

22. Tom Toles, "Ever so Sorry" [cartoon], *Washington Post*, June 22, 2010.

23. U.S. Senate, Committee on Commerce, Science, and Transportation, *Data or Dogma? Promoting Open Inquiry in the Debate over the Magnitude of Human Impact on Earth's Climate [hearing]*, 114th Cong., 1st sess., December 8, 2015, http://www.commerce.senate.gov/public/index.cfm/hearings?ID=CA2ABC55-B1E8-4B7A-AF38-34821F6468F7

24. Tony Dokoupil, "How Climate Change Deniers Got It Right—but Very Wrong," MSNBC, June 16, 2015, http://www.msnbc.com/msnbc/how-climate-change-deniers-got-it-very-wrong

25. 다음에서 인용함. Samantha Page, "Ted Cruz Invited a Right-Wing Radio Host to Testify on Climate Science and He Gave This Insane Rant," Center for American Progress, December 9, 2015, http://thinkprogress.org/dimate/2015/12/09/3729959/mark-steyn-said-some-weird-things-at-this-hearing/

26. Michael E. Mann, "The Assault on Climate Science," *New York Times*, December 8, 2015, https://www.nytimes.com/2015/12/08/opinion/the-assault-on-climate-science.html

27. 일례로 다음을 보라. Andra J. Reed et al., "Increased Threat of Tropical Cyclones and Coastal Flooding to New York City During the Anthropogenic Era," *Proceedings of the National Academy of Sciences* 112 (2015): 12610-12615 (and references therein).

28. Michael E. Mann and Peter H. Gleick, "Climate Change and California Drought in the 21st Century," *Proceedings of the National Academy of Sciences* 112 (2015): 3858–3859.

29. 조작된 '기후게이트' 스캔들에 대한 상세한 논의를 참고하려면 다음을 보라. Michael Mann, *The Hockey Stick and the Climate Wars*, chap. 14.

30. 다음에서 인용함. Lisa Lerer, "Saudi Arabia Calls for 'Climategate' Investigation," *Politico*, December 7, 2009.

31. Sarah Palin, "Sarah Palin on the Politicization of the Copenhagen Climate Conference," *Washington Post*, December 9, 2009.

32. Brian Montopoli, "Sarah Palin Emails Released from Time as Governor—But Many Withheld or Redacted, CBS News, June 11, 2011, http://www.cbsnews.com/news/sarah-palin-emails-released-from-time-as-governor-but-many-withheld-or-redacted/

33. 다음에서 인용함. "Rupert Murdoch Mocks Global Warming with Icy Photo, Enrages Twitter—Again," *Hollywood Reporter*, February 27, 2015, http://www.hollywoodreporter.com/news/rupert-murdoch-mocks-global-warming-778302

34. 다음에서 인용함. Dana Nuccitelli, "Rupert Murdoch Doesn't Understand Climate Change Basics, and That's a Problem," *Guardian*, July 14, 2014, http://www.theguardian.com/environment/climate-consensus-97-per-cent/2014/jul/14/rupert-murdoch-doesnt-understand-climate-basics

35. Xeni Jardin, "Climate Change Denier Rupert Murdoch Just Bought *National Geographic*, Which Gives Grants to Scientists," *Boing Boing*, September 9, 2015, http://boingboing.net/2015/09/09/rupert-murdoch-just-bought-nat.html

36. Lisa Graves, "The Koch Brothers: The Extremist Roots Run Deep," Center for Media and Democracy, July 10, 2014, http://www.prwatch.org/news/2014/07/12531/koch-brothers-roots-run-deep

37. Jane Mayer, "Covert Operations: The Billionaire Brothers Who Are Waging a War Against Obama," *New Yorker*, August 30, 2010.

38. Jared Gilmour, "Keystone XL Pipeline Could Yield $100 Billion for Koch Brothers," *Huffington Post*, October 21, 2013, http://www.huffingtonpost.com/2013/10/21/keystone-xl-koch-brothers_n_4136491.html

39. James Hansen, "Game over for the Climate," *New York Times*, May 9, 2012.

40. Ashley Alman, "Koch Brothers Net Worth Soars Past $100 Billion," *Huffington Post*, April 16, 2014, http://www.huffingtonpost.com/2014/04/16/koch-brothers-net-worth_n_5163010.html

41. *Citizens United v. Federal Election Commission*, 558 U.S. 310 (2010); Eric Lichtblau, "Advocacy Group Says Justices May Have Conflict in Campaign Finance Cases," *New York Times*, January 21, 2011, http://www.nytimes.com/2011/01/20/us/politics/20koch.html?_r=o

42. Fredreka Schouten, "Koch Brothers Set $889 Million Budget for 2016," *USA Today*, January 27, 2015, http://www.usatoday.com/story/news/politics/2015/01/26/koch-brothers-network-announces-889-million-budget-for-next-two-years/22363809/

43. Greenpeace USA, "Koch Industries: Secretly Funding the Climate Denial Machine," March 2010, http://www.greenpeace.org/usa/global-warming/climate-deniers/koch-industries/

44. Alex Roarty, "The Koch Network Spent $100 Million This Election Cycle," *National Journal*, November 4, 2014, http://www.nationaljournal.com/politics/the-koch-network-spent-100-million-this-election-cycle-20141104

45. Americans for Prosperity, "Welcome to the Hot Air Tour," http://www.hotairtour.org/ (accessed August 2008).

46. Michael Mann, *The Hockey Stick and the Climate Wars*, 216.

47. J. J. Sutherland, "They Call It Pollution. We Call It Life," National Public Radio, May 23, 2006, http://www.npr.org/templates/story/story.php?storyId=5425355

48. Dan Harris et al., "Global Warming Denier: Fraud or 'Realist'?" ABC News, March 23, 2008, http://abcnews.go.com/Technology/GlobalWarming/story?id=4506059

49. Michael Mann, *The Hockey Stick and the Climate Wars*, 268.

50. Dara Kerr, "Microsoft Aims to Be Greener and Drops ALEC Membership," CNET, August 19,

2014, http://www.cnet.com/news/microsoft-aims-to-be-greener-and-drops-alec-membership/

51. 다음에서 인용함. Suzanne Goldenberg, "Google to Cut Ties with Rightwing Lobby Group over Climate Change 'Lies,'" *Guardian*, September 22, 2014, http://www.theguardian.com/environment/2014/sep/23/google-to-cut-ties-with-rightwing-lobby-group-over-climate-change-lies

52. John Timmer, "BP Pulls Out of Climate Denial Group Even as Execs Support Sen. Inhofe: ALEC Continues to Lose Corporate Backers over Climate Issues," *Ars Technica*, March 25, 2015.

53. 다음에서 인용함. Karl Mathiesen and Ed Pilkington, "Royal Dutch Shell Cuts Ties with ALEC over Rightwing Group's Climate Denial," *Guardian*, August 7, 2015.

54. Nicole Brown, "Here Are the 2016 Candidates Who Take Money from the Koch Brothers," *Slant News*, July 15, 2015, https://www.slantnews.com/story/2015-07-15-these-are-the-presidential-candidates-who-do-koch

55. Loren Gutentag, "Koch Brothers Spread the Wealth Among GOP Candidates," *Newsmax*, October 21, 2015, http://www.newsmax.com/Politics/Koch-Brothers-Jeb-Bush-Marco-Rubio/2015/10/21/id/697273/

56. Nicole Brown, "Here Are the 2016 Candidates Who Take Money from the Koch Brothers."

57. Colin Campbell, "Report: One of the Koch Brothers Just Revealed Which Republican 2016 Candidate They Support," *Business Insider*, April 20, 2015, http://www.businessinsider.com/report-the-koch-brothers-are-backing-scott-walker-2015-4#ixzz3j6xoGszo

58. Tim McDonnell, "Scott Walker Is the Worst Candidate for the Environment," *Mother Jones*, March 11, 2015.

59. Neela Banerjee, "Groups Want David Koch Unseated from Smithsonian, AMNH Boards," *Inside Climate News*, March 25, 2015, http://insideclimatenews.org/news/24032015/groups-want-david-koch-unseated-smithsonian-amnh-boards

60. Natural History Museum, "An Open Letter to Museums from Members of the Scientific Community," March 24, 2015, http://thenaturalhistorymuseum.org/open-letter-to-museums-from-scientists/; Meredith Hoffman, "Leading Scientists Tell the Nation's Museums to Sever Ties with the Koch Brothers," *Vice News*, March 24, 2015, https://news.vice.com/article/leading-scientists-tell-the-nations-museums-to-sever-ties-with-the-koch-brothers

61. Daniel Souweine, "Why Is WGBH Legitimizing David Koch's Climate Change Denial?" *Huffington Post*, October 15, 2013, http://www.huffingtonpost.com/daniel-souweine/wgbh-david-koch_b_4099534.html

62. 다음에서 인용함. Jane Mayer, "A Word from Our Sponsor," *New Yorker*, May 27, 2013, http://www.newyorker.com/magazine/2013/05/27/a-word-from-our-sponsor

63. Kathleen Miles, "If Koch Brothers Buy LA Times, Half of Staff May Quit," *Huffington Post*, April 29, 2013, http://www.*huffingtonpost*.com/kathleen-miles/koch-brothers-la-times_b_3180391.html

64. Graham Readfearn, "Is Bjorn Lomborg Right to Say Fossil Fuels Are What Poor Countries Need?" *Guardian*, December 6, 2013, http://www.theguardian.com/environment/planet-oz/2013/dec/06/bjorn-lomborg-climate-change-poor-countries-need-fossil-fuels

65. Bjorn Lomborg, "Who's Afraid of Climate Change?" Project Syndicate, August 11, 2010, http://www.project-syndicate.org/commentary/who-s-afraid-of-climate-change

66. Graham Readfearn, "Bjorn Lomborg Think Tank Funder Revealed as Billionaire Republican 'Vulture Capitalist' Paul Singer," Greenpeace, February 9, 2015, http://www.greenpeace.org/usa/bjorn-lomborg-think-tank-funder-revealed-billionaire-republican-vulture-capitalist-paul-singer/

67. "UWA Cancels Contract for Consensus Centre Involving Controversial Academic Bjorn Lomborg," Australian Broadcasting Corporation, May 8, 2015, http://www.abc.net.au/news/2015-05-08/bjorn-lomborg-uwa-consensus-centre-contract-cancelled/6456708

68. Bjorn Lomborg, "Geoengineering: A Quick, Clean Fix?" *Time*, November 14, 2010, http://content.time.com/time/magazine/article/0,9171,2030804,00.html; Colin McInnes, "Time to Embrace Geoengineering," Breakthrough, June 27, 2013, http://thebreakthrough.org/index.php/programs/energy-and-climate/time-to-embrace-geoengineering

7장 | 지구공학, 혹은 "잘못될 게 뭐가 있겠어?"

1. Bjorn Lomborg, "Geoengineering: A Quick, Clean Fix?" *Time*, November 14, 2010; http://content.time.com/time/magazine/article/0,9171,2030804,00.html; Colin McInnes, "Time to Embrace Geoengineering," Breakthrough, June 27, 2013, http://thebreakthrough.org/index.php/programs/energy-and-climate/time-to-embrace-geoengineering

2. 다양하게 제시된 지구공학 계획들의 결함에 대한 학술적 논의를 참고하려면 다음을 보라. A. Robock, "20 Reasons Why Geoengineering May Be a Bad Idea," *Bulletin of the Atomic Scientists* 64 (2008): 14-18, 59, doi:10.2968/064002006.

3. Edward Teller, Roderick Hyde, and Lowell Wood, "Global Warming and Ice Ages: Prospects for Physics-Based Modulation of Global Change" (paper prepared for submittal to the Twenty-Second International Seminar on Planetary Emergencies, Erice, Italy, August 20-23, 1997).

4. "Scientists to Stop Global Warming with 100,000 Square Mile Sun Shade," *Telegraph*, February 26, 2009, http://www.telegraph.co.uk/news/earth/environment/globalwarming/4839985/Scientists-to-stop-global-warming-with-100000-square-mile-sun-shade.html

5. R. Angel, "Feasibility of Cooling the Earth with a Cloud of Small Spacecraft near the Inner Lagrange Point (L1)," *Proceedings of the National Academy of Sciences* 46 (2006): 17184-17189, doi:10.1073/pnas.0608163103.

6. A. Robock, "20 Reasons Why Geoengineering May Be a Bad Idea."

7. Eli Kintisch, "Climate Hacking for Profit: A Good Way to Go Broke," *Fortune*, May 21, 2010, http://archive.fortune.com/2010/05/21/news/economy/geoengineering.climos.planktos.fortune/index.htm

8. Gaia Vince, "Sucking CO_2 from the Skies with Artificial Trees," BBC, October 4, 2012, http://www.bbc.com/future/story/20121004-fake-trees-to-clean-the-skies

9. Daniel Hillel, *The Rivers of Eden: The Struggle for Water and the Quest for Peace in the Middle East* (New York: Oxford University Press, 1994).

8장 | 나아갈 길

1. 해당 수치들은 다음에서 가져온 것이다. United Nations, Department of Economic and Social Affairs, "Millennium Development Goals Indicators," 2011, http://mdgs.un.org/unsd/mdg/SeriesDetail.aspx?srid=751

2. C. McGlade and P. Ekins, "The Geographical Distribution of Fossil Fuels Unused When Limiting Global Warming to 2°C," *Nature*, January 2015, 187-190.

3. "President Obama's Tough, Achievable Climate Plan" [editorial], *New York Times*, August 3, 2015, https://www.nytimes.com/2015/08/04/opinion/president-obamas-tough-achievable-climate-plan.html?_r=0

4. "Dr. Michael Mann on Climate Change," *Real Time with Bill Maher*, HBO, August 7, 2015, https://www.youtube.com/watch?v=nZ2cCPRS-Q8

5. Gardiner Harris and Coral Davenport, "E.P.A. Announces New Rules to Cut Methane Emissions," *New York Times*, August 18, 2015.

6. Gregory Korte, "Obama: Keystone Pipeline Bill 'Has Earned My Veto,'" *USA Today*, February 25, 2015, http://www.usatoday.com/story/news/politics/2015/02/24/obama-keystone-veto/23879735/

7. 다음에서 인용함. Coral Davenport, "Citing Climate Change, Obama Rejects Construction of Keystone XL Oil Pipeline," *New York Times*, November 6, 2015.

8. 플로리다주립대학교 토네이도 전문가 제임스 엘스너의 최근 연구 결과에 관해서는 다음을 참고하라. Jill Elish, "Researchers Develop Model to Correct Tornado Records," *Florida State 24/7*, September 5, 2013, http://news.fsu.edu/More-FSU-News/24-7-News-Archive/2013/September/

Researchers-develop-model-to-correct-tornado-records

9. Neil Bhatiya, "Is China Leading the Way on Cap-and-Trade?" *Week*, September 5, 2014, http://theweek.com/articles/444027/china-leading-way-capandtrade

10. Lenor Taylor, "US and China Strike Deal on Carbon Cuts in Push for Global Climate Change Pact," *Guardian*, November 12, 2014, http://www.theguardian.com/environment/2014/nov/12/china-and-us-make-carbon-pledge

11. Jacob Gronholt-Pedersen and David Stanway, "China's Coal Use Falling Faster Than Expected," Reuters, March 26, 2015, http://www.reuters.com/article/2015/03/26/china-coal-idUSL3N0WL32720150326

12. Chris Mooney, "Why the Global Economy Is Growing, but CO_2 Emissions Aren't," *Washington Post*, March 13, 2015, http://www.washingtonpost.com/news/energy-environment/wp/2015/03/13/for-the-first-time-in-40-years-the-world-economy-grew-but-co2-levels-didnt/

13. Kenneth Bossong, "US Renewable Electrical Generation Hits 14.3 Percent," *U.S. Energy World*, August 27, 2014, http://www.renewableenergyworld.com/articles/2014/08/us-renewable-electrical-generation-hits-14-3-percent.htm

14. Chris Mooney, "Obama Visits Nevada, the Center of the Solar Boom, to Talk Clean Energy and Climate Change," *Washington Post*, August 24, 2015, http://www.washingtonpost.com/news/energy-environment/wp/2015/08/24/obama-visits-nevada-the-center-of-the-solar-boom-to-talk-clean-energy-and-climate-change/

15. Kenneth Bossong, "US Renewable Electrical Generation Hits 14.3 Percent."

16. Ian Clover, "Wholesale Grid Parity for Solar Possible by 2020s, Report Finds," *PV Magazine*, October 7, 2014, http://www.pv-magazine.com/news/details/beitrag/wholesale-grid-parity-for-solar-possible-by-2020s-report-finds_100016708/#axzz3jV8CipG4

17. Chris Mooney, "Obama Visits Nevada."

18. Eric Schaal, "Best-Selling Electric Vehicles and Hybrids in 2014," Autos CheatSheet, n.d., http://www.cheatsheet.com/automobiles/10-best-selling-electric-vehicles-and-hybrids-in-2014.html/?a=viewall

19. 일례로 다음을 보라. Michael E. Mann, "The Power of Paris: Climate Challenge Remains, but Now We're on the Right Path," *World Post*, December 13, 2015, http://www.huffingtonpost.com/michael-e-mann/paris-climate-change_b_8799764.html?utm_hp_ref=world

20. Ned Resnikoff and Amanda Sakuma, "The Largest Climate March in History," MSNBC, September 21, 2014, http://www.msnbc.com/msnbc/largest-climate-march-history-kicks-new-york

21. 디캐프리오의 연설 장면이 담긴 동영상을 참고하려면 다음을 보라. "Leonardo DiCaprio Speaks at UN Climate Change Summit," *Guardian*, September 23, 2014, http://www.theguardian.com/

environment/video/2014/sep/23/leonardo-dicaprio-un-climate-change-summit-speech-video

22. Suzanne Goldenberg, "Heirs to Rockefeller Oil Fortune Divest from Fossil Fuels over Climate Change," *Guardian*, September 22, 2014, http://www.theguardian.com/environment/2014/sep/22/rockefeller-heirs-divest-fossil-fuels-climate-change

23. James Hansen, *Storms of My Grandchildren: The Truth About the Coming Climate Catastrophe and Our Last Chance to Save Humanity* (New York: Bloomsbury Press, 2010), 10, 164-166, 180, 230 (for the 350-ppm limit), xi, 117, 118 (for the current level).

24. Bill McKibben, "The Case for Fossil-Fuel Divestment," *Rolling Stone*, February 22, 2013, http://www.rollingstone.com/politics/news/the-case-for-fossil-fuel-divestment-20130222

25. Jason M. Breslow, "Investigation Finds Exxon Ignored Its Own Early Climate Change Warnings," *Frontline*, PBS, September 16, 2015, http://www.pbs.org/wgbh/pages/frontline/environment/investigation-finds-exxon-ignored-its-own-early-climate-change-warnings/

26. John M. Broder, "Cigarette Makers in a $368 Billion Accord to Curb Lawsuits and Curtail Marketing," *New York Times*, June 21, 1997.

27. Bob Simison, "New York Attorney General Subpoenas Exxon on Climate Research," *InsideClimate News*, November 5, 2015, https://insideclimatenews.org/news/05112015/new-york-attorney-general-eric-schneiderman-subpoena-Exxon-climate-documents

28. Sherwood Boehlert, "Can the Party of Reagan Accept the Science of Climate Change?" *Washington Post*, November 19, 2010, http://www.washingtonpost.com/wp-dyn/content/article/2010/11/18/AR2010111805451.html

29. "Former U.S. Congressman Bob Inglis to Receive JFK Profile in Courage Award for Stance on Climate Change," John F. Kennedy Presidential Library and Museum, April 13, 2015, http://www.jfklibrary.org/About-Us/News-and-Press/Press-Releases/2015-Profile-in-Courage-Announcement.aspx

30. William D. Ruckelshaus et al., "A Republican Case for Climate Action" [op-ed], *New York Times*, August 1, 2013, http://www.nytimes.com/2013/08/02/opinion/a-republican-case-for-climate-action.html

31. George P. Shultz, "A Reagan Approach to Climate Change" [op-ed], *Washington Post*, March 13, 2015, https://www.washingtonpost.com/opinions/a-reagan-model-on-climate-change/2015/03/13/4f4182e2-c6a8-11e4-b2a1-bed1aaea2816_story.html

32. 다음에서 인용함. Heather Rogers, "Current Thinking," *New York Times*, June 3, 2007, http://www.nytimes.com/2007/06/03/magazine/03wwln-essay-t.html?_r=o

33. 다음에서 인용함. John Aziz, "Here Comes the Sun," *Week*, June 17, 2014, http://theweek.com/speedreads/574172/new-star-wars-force-awakens-teaser-hints-epic-lightsaber-battle